TROGLODITA É VOCÊ!

TROGLODITA É VOCÊ!

Pequeno guia darwiniano da vida cotidiana

Michel Raymond

Tradução
Martha Gambini

PAZ E TERRA

Traduzido do original em francês *Cro-Magnon toi-même!*
Preparação: Melissa Antunes de Menezes
Revisão: Ana Paula Tósca
Editoração: Join Bureau
Capa: Miriam Lerner

CIP-Brasil. Catalogação na fonte
Sindicato Nacional dos Editores de Livros, RJ

R216t

Raymond, Michel, 1959-
Troglodita é você!: pequeno guia darwiniano da vida cotidiana / Michel Raymond; [tradução de Martha Gambini]. – São Paulo: Paz e Terra, 2009.
256 p.

Tradução de: Cro-Magnon toi-même!: petit guide darwinien de la vie quotidienne
Inclui bibliografia.
ISBN 978-85-7753-097-7

1. Evolução (Biologia). 2. Medicina darwinista. 3. Adaptação (Biologia). 4. Evolução humana. I. Título. II. Título: Pequeno guia darwiniano da vida cotidiana.

09-2167 CDD-599.938
CDU: 599.89

Direitos adquiridos pela
EDITORA PAZ E TERRA S.A.
Rua do Triunfo, 177
Santa Ifigênia, São Paulo, SP – CEP: 01212-010
Tel.: (11) 3337-8399
vendas@pazeterra.com.br
www.pazeterra.com.br
que se reserva a propriedade desta tradução.

2009
Impresso no Brasil / Printed in Brazil

Sumário

Introdução 7

1. **"À mesa!" A alimentação e a selva dos conselhos alimentares 11**
   Os regimes alimentares 12
   O açúcar 20
   Óleos e vitaminas 26
   Adaptações locais? 28
   Conclusão 33

2. **Devemos auscultar nossos médicos? A medicina evolutiva 35**
   As doenças infecciosas 37
   A alergia 46
   Medicina e assuntos de mulheres 50
   Medicina e adaptação local 60
   Conclusão 62

3. **Sistema de reprodução e sistema político** ... **65**
A origem das guerras ... 67
As mulheres: o futuro de alguns homens? ... 70
Reprodução diferencial ... 73
Poliginia, monogamia e primogenitura ... 77
Despotismo ... 81
E agora? ... 84

4. **Mulher-homem, quais diferenças?** ... **91**
Diferenças macho-fêmea no mundo vivo ... 92
Quais performances físicas? ... 100
Quais performances cognitivas? ... 103
Conclusão ... 108

5. **A homossexualidade** ... **111**
A homossexualidade nos animais ... 112
Os comportamentos homossexuais socialmente impostos ... 114
A preferência homossexual no decorrer dos séculos ... 116
Os determinantes biológicos ... 118
Conclusão ... 122

6. **A ecologia familiar** ... **125**
Avó e menopausa ... 127
Conflitos em torno do investimento parental ... 131
Outros conflitos ... 140
Da família à sociedade ... 148
Conclusão ... 150

Agradecimentos ... 153
Notas científicas ... 157
Referências citadas ... 201

Introdução

– Troglodita é você!

É fácil imaginar a cortesia sendo mandada às favas num jantar bem regado a álcool reunindo alguns dos leitores deste livro.

Embora alguns de nossos comportamentos ou doenças tenham suas fontes na longínqua Pré-História, nesse Cro-magnon que desenhava cavalos e bisões nas grutas com admirável precisão, outros remontam à grande revolução agrícola de há dez mil anos, e outros são ainda mais recentes, pois datam, por vezes, do último século.

Com certeza é exótico ser chamado de Cro-magnon, mas talvez não valha a pena reagir com tanta violência, pois há chance de que isso seja um elogio: nem sempre o resultado da evolução implica em um progresso evidente.

Tudo o que concerne a nós – comportamentos, regras de vida em sociedade – evoluiu no curso do tempo: conservamos traços do passado, mas também incluímos inovações radicais. A família atual é pouco comparável com a de nossos ancestrais, embora derive dela; nossa alimentação mudou muito no decorrer dos últimos séculos, particularmente durante as últimas décadas; o discurso e a prática dos médicos também variam com o correr do tempo. Compreender o comportamento humano implica em conhecer seus verdadeiros determinantes. Já há algumas décadas os biólogos têm se dedicado a essa tarefa com relação aos animais, o que levou o biólogo François Jacob a afirmar: "A educação das crianças seria muito mais simples se começássemos o estudo do mundo vivo pelo estudo da evolução." Assim, levar em conta a dimensão evolutiva e o papel da seleção natural permitiu a atribuição de um sentido aos estudos biológicos, e uma compreensão profunda do mundo vivo.

O Homem é um animal, com certeza bastante especializado nas interações sociais e nos refinamentos da cultura, mas que de modo algum escapa à regra geral da biologia evolutiva. Por que ele deveria se distinguir das outras espécies vivas no estudo dos processos subjacentes à sua evolução? À medida que os conhecimentos dos grandes macacos foram se tornando mais precisos, foi ficando cada vez mais evidente que as diferenças entre o Homem e os outros primatas são essencialmente quantitativas, e que apenas alguns poucos degraus, frequentemente significativos, mas por vezes sutis, separam-nos de nossos primos. Portanto, tudo leva a crer que a biologia evolutiva também é aplicável ao caso particular de nossa própria espécie, o que se reforça pelo fato da evolução genética ter se acelerado desde há alguns milhares de anos, sobretudo devido ao aumento da população.

O princípio da evolução das espécies teve dificuldade de se impor, entre outras causas, devido ao modesto lugar que é reservado nele à espécie humana, com sua tardia aparição. Hoje, um século e meio após sua publicação, a *Evolução das Espécies* e o princípio da seleção natural que a fundamenta são tão certos quanto a existência do átomo e das galáxias. As espécies evoluem, mas elas não buscam evoluir. A competição entre os indivíduos pela sobrevivência e pela reprodução são os únicos motores da evolução. É principalmente no âmbito individual que tudo acontece. Um inseto melhor camuflado será menos detectado por um predador, suas chances de sobrevivência serão maiores e ele transmitirá melhor sua capacidade particular, que irá se espalhar pela espécie.

Apenas quando é considerado aquilo que está em jogo na sobrevivência e na reprodução é que se torna possível uma abordagem explicativa e não somente descritiva do mundo vivo. Por que, por exemplo, o coelho corre mais rápido que a raposa? Uma primeira maneira de responder a esta questão consiste em se estudar o modo de correr desses dois animais, o comprimento das patas com relação ao tamanho e o peso, a musculatura, os fluxos sanguíneos, etc., e explicitar as razões anatômicas ou fisiológicas que favorecem o coelho. Outra maneira, é tentar compreender o interesse que cada animal teria em correr mais ou menos rápido que o outro. Ora, o que está em jogo é desigual: a raposa está atrás de uma refeição, enquanto o coelho corre por sua sobrevivência. Assim, os coelhos menos rápidos são eliminados, ao passo que as raposas que ficam para trás sempre podem procurar presas mais fáceis. Esse processo simples explica porque o coelho corre mais rápido que a raposa. Como estamos considerando, seja os processos, seja aquilo que se encontra em jogo, e não as causas fisiológicas, trata-se de biologia "evolutiva".

A biologia evolutiva corresponde a certo modo de se colocar questões em biologia, visando-se compreender, de um ponto de vista dinâmico, como se explica uma situação observada. Qualquer traço de uma espécie pode ser abordado dessa maneira, desde que ele seja variável, que possua uma história, e que possa ser encontrado, por vezes, sob uma forma levemente diferente nas gerações precedentes. Numerosos traços humanos entram nessa categoria.

Troglodita é você? Sem dúvida, pois evidentemente Cro-magnon é nosso ancestral, e a ele devemos alguns de nossos traços mais tipicamente humanos. Aliás, com certeza esse grande observador de animais teria sido, ele próprio, um apaixonado por biologia evolutiva.

1

"À mesa!" A alimentação e a selva dos conselhos alimentares

Comer de forma saudável? Nada mais fácil, pois conselhos não faltam, nos jornais, livros, nos mais diversos programas de rádio e tevê; regras alimentares são preconizadas por uma multidão de especialistas. As estantes das livrarias oferecem uma ampla escolha em questões dietéticas e, na web, as páginas sobre esse assunto são abundantes. Portanto, o cidadão encontra-se necessariamente bem informado... ou quase: por vezes as mensagens alimentares são vagas, com frequência contraditórias, e podem ser perigosas para a saúde.

Os conselhos alimentares cuja finalidade real não é o estado de saúde do consumidor são os mais preocupantes. A situação se complica quando uma autoridade científica (por exemplo, um médico, um cientista) publica a mensagem sem assinalar que também se encontra envolvida por aspectos financeiros. Alguns desses conselhos alimentares constituem necessariamente um dano para nossa saúde, devido às contradições resultantes dos interesses divergentes dos diferentes agentes. Outros são sem dúvida benéficos, mas como distingui-los? A caução científica de nada serve, pois, às vezes, ela se encontra vinculada a empresas de agronegócios (aproveito para declarar que não tenho qualquer relação com nenhuma firma agroalimentar e que não possuo qualquer conhecimento de envolvimentos diretos, de tipo financeiro, sentimental ou moral, por parte de familiares e amigos na promoção de qualquer produto alimentar ou farmacêutico). O que fazer? Antes de usar a lupa da biologia evolutiva para examinar os conselhos alimentares, vamos nos debruçar sobre algumas indispensáveis generalidades.

Os regimes alimentares

Todos os animais possuem um regime alimentar, mais ou menos amplo. Se a pulga alimenta-se exclusivamente de sangue, a tênia do bolo alimentar intestinal, o martinete de insetos voadores e a baleia azul de plâncton e de krill, outros animais têm uma alimentação mais variada. O melharuco azul consome lagartas e pequenos artrópodes durante a primavera e o verão e depois, no outono e no inverno, alimenta-se essencialmente de grãos. No estágio larvar, o mosquito contenta-se com um regime detritívoro, composto de pequenas partículas e, durante sua vida adulta, busca o néctar, sem esquecer a refeição de sangue que, por vezes, nos diz respeito, e de que a fêmea necessita para pôr seus ovos. O mocho-real é carnívoro, mas suas presas podem ir de uma pequena lagartixa a uma raposa.

O texugo-europeu é oportunista, e come tudo o que encontra: coelhos, ratos, toupeiras, rãs, lesmas, serpentes, ovos, maçãs, cogumelos, uvas, amoras...

Alimentem um martinete com frutas, um leão com folhas e um cervo com carne: inicialmente o animal irá recusar o alimento, mas se vocês ultrapassarem este obstáculo, logo verão claras manifestações da deterioração progressiva de sua saúde, seguidas, caso a experiência se prolongue, da morte do animal. O sistema digestivo de um carnívoro não é equipado para digerir folhas. Os herbívoros possuem órgãos especializados e relativamente complexos, que utilizam várias bactérias próprias para atacar os tecidos vegetais e deles extrair compostos energéticos, aos quais se alia, em certas espécies, um processo muito elaborado de ruminação. Da mesma forma, o acréscimo de grãos ao regime alimentar de um não-granívoro, um porco, por exemplo, irá provocar a aparição da arteriosclerose, depósito de placas de colesterol no interior das artérias, podendo levar à sua obstrução. Evidentemente, a mesma operação num camundongo ou num pardal, ambos granívoros, não terá qualquer efeito sobre suas artérias. O aporte de caseína (uma proteína do leite) como única fonte de proteína na alimentação de um coelho, fará subir sua taxa de colesterol e lesões arteriais irão aparecer. As larvas de *mycetophilides*, um inseto próximo dos mosquitos, alimentam-se de cogumelos: esses mesmos cogumelos seriam tóxicos para a maioria dos mamíferos. Poderíamos multiplicar os exemplos por milhares de páginas. O que é bom para uma espécie, pode ser tóxico ou deletério para outra. Assim, cada espécie pode ser considerada adaptada a seu regime alimentar, e afastar-se dele é pouco recomendado para a saúde.

Os mamíferos não conseguem sintetizar nove dos vinte aminoácidos que o DNA pode codificar, e que são os constituintes básicos das proteínas. Eles devem ser fornecidos pela nutrição. A composição em aminoácidos varia segundo os organismos. Certas plantas apresentam um déficit com relação a um desses nove componentes (por exemplo, o arroz e o trigo são pobres em lisina). Os herbívoros não são afetados por essas restrições, pois bactérias bem equipadas vão se encarregar de fabricá-los à vontade em suas barrigas: os herbívoros apresentam adaptações específicas às limitações fisiológicas de uma alimentação exclusivamente vegetal. Assim, um carnívoro não pode se transformar em herbívoro sem que seu equilíbrio fisiológico seja profundamente abalado.

De uma espécie à outra, os regimes alimentares são diferentes. O gorila das planícies é exclusivamente vegetariano (ele se alimenta de folhas e de frutas), enquanto o chimpanzé pode acrescentar um pouco de carne ou de cupins a suas refeições cotidianas. Portanto, desde a época do último ancestral comum a estas duas espécies, há mais ou menos oito-nove milhões de anos, o regime alimentar de pelo menos um desses dois primatas modificou-se. De modo geral, todos os animais derivam de uma origem única, sendo assim, todos os regimes alimentares evoluíram. O que conduz a um paradoxo: se o regime alimentar é uma adaptação, afastar-se dele provoca uma degradação da saúde. Como o regime alimentar pode então evoluir? O exemplo preciso de uma mudança de alimentação, no Homem, irá permitir uma primeira resposta a essa questão.

A tolerância à lactose

Façam um adulto beber um grande copo de leite. Se ele for de origem asiática ou ameríndia, é provável que esse copo de leite provoque distúrbios digestivos mais ou menos severos: sinais de sua intolerância à lactose, composto específico do leite de mamíferos. É claro que essa intolerância não existe desde o nascimento, aparecendo pouco depois do desmame. O adulto é normalmente intolerante, pois as enzimas que permitem digerir a lactose são programadas para deixarem de ser produzidas depois de certa idade, correspondente aproximadamente ao desmame. Por outro lado, numerosos adultos europeus podem beber leite sem problema: eles são tolerantes à lactose. A diferença individual entre tolerância e intolerância à lactose é de origem puramente genética. Essa tolerância é recente na Europa: ela data da seleção, pelo Homem, de raças bovinas especializadas na produção de leite, em torno de cinco mil anos. Coisa notável: essa tolerância à lactose só existe nas populações humanas que domesticaram animais com o objetivo de consumir diretamente seu leite. O que aconteceu?

Evidentemente, não sabemos como ocorreu *culturalmente* a passagem ao consumo de leite de vaca. Em contrapartida, um estudo mostrou claramente que houve uma coevolução, genética e cultural, entre a vaca e o Homem. No Homem, encontramos o gene da tolerância à lactose sobretudo nas regiões geográficas onde, na vaca, existem também os genes envolvidos na forte produção de leite. Certamente, o processo foi gradual: quanto mais se fortalecia a tolerância à lactose, mais as vacas leiteiras eram solicitadas e selecionadas para a reprodução: daí um aumento da produção média de leite por vaca, e um aumento da frequência dos adultos bebedores de leite no decorrer das gerações, por seleção natural. Esse processo era acompanhado de uma mudança nas práticas de criação, visando desmamar os bezerros mais cedo – o que é documentado arqueologicamente – para se dispor de mais leite para o consumo humano. E assim até a época atual, quando se observa a maior frequência de adultos tolerantes à lactose no norte da Europa, na zona que foi o berço das raças bovinas leiteiras.

Portanto, o fato de um adulto acrescentar leite a seu regime alimentar necessita de um ajustamento genético, numa localização bem precisa do DNA, para que seja possível metabolizar a lactose. Esse ajustamento produziu-se pelo menos quatro vezes, de modo totalmente independente: uma vez na Europa do norte, há mais ou menos cinco mil anos, e três vezes no leste da África, entre mais ou menos três mil e sete mil anos. As mutações em jogo não são as mesmas nos quatro casos (o que permite estabelecer a independência dos eventos) embora o efeito fisiológico, a tolerância adulta à lactose, seja similar. Essa repetição de uma evolução, em ambientes similares (a presença de raças bovinas leiteiras), é uma das assinaturas mais certeiras da seleção natural. Em todos os casos, isso não diz respeito ao conjunto dos indivíduos de uma população: encontramos, por exemplo, cada vez mais indivíduos intolerantes à lactose na Europa, à medida que nos afastamos do centro de domesticação das raças bovinas leiteiras: menos de 10% no norte da Europa, por volta de 50% na França e Espanha e 99% na China.

Portanto, esse ajustamento genético progressivo, a resistência à lactose, permitiu uma mudança alimentar estreitamente ligada a mudanças culturais (por exemplo, as técnicas de criação bovina relativas ao desmame dos bezerros) e, na vaca, uma coevolução genética no que diz respeito à produção leiteira. Vamos agora apresentar um exemplo muito mais recente, de uma mudança sem dúvida mais súbita.

Guam é uma ilha do Oceano Pacífico, a meio caminho entre o Japão e a Papua-Nova Guiné. Diferentes exploradores ou colonizadores que deixaram notas sobre o estado sanitário dos habitantes dessa ilha mencionam uma boa saúde geral, uma ausência de mal formações físicas, poucas doenças e uma vida bastante longa. O último relatório desse tipo data de 1902. Algumas décadas mais tarde, uma estranha doença devasta a ilha, afetando essencialmente os homens: uma degenerescência progressiva dos neurônios do cérebro e da medula espinhal, que se manifesta por uma espécie de demência parkinsoniana. Essa doença torna-se, desde 1940, a principal causa de óbito. Foi necessária uma grande pesquisa para se compreender a origem, unicamente alimentar, dessa doença. O primeiro alimento suspeito era o fruto de uma cicadácea local (*Cycas circinalis*), contendo uma toxina neurotóxica (a cicasina), sendo que a preparação alimentar desse fruto destrói tal toxina. Mas quando esse fruto é consumido por um morcego, a toxina é reencontrada intacta no animal, que é assim consumido pelos habitantes de Guam. Esse morcego, embora difícil de ser capturado, é de fato um prato muito apreciado, culturalmente muito valorizado como alimento. No início do século XX, estimava-se em cinquenta mil a população desse animal. As capturas através da caça eram ainda fracas, e o consumo insuficiente para provocar uma degenerescência neurológica. De repente, como as armas de fogo tornaram-se acessíveis, esse animal tranformou-se em presa fácil de ser abatida. Meio século mais tarde, existem menos de cinquenta morcegos dessa espécie em Guam, e estamos diante de um desastre sanitário. Quais fatores contribuíram para essa situação? Um alimento até então raro, apreciado e socialmente valorizado, tornou-se subitamente abundante. E abundantemente consumido. Segundo os comentários dos consumidores, seu prestígio não provinha de sua raridade, mas de seu interesse gustativo. Essa mudança na alimentação comportava um aumento importante e súbito do consumo de um alimento particular, com consequências importantes para a saúde e a longevidade.

Assim, um regime alimentar pode ser considerado como uma adaptação, por vezes restrita a uma zona geográfica precisa. Fala-se então de adaptação local. Essa é uma situação bem estudada em biologia evolutiva e possuímos todo um corpus teórico e experimental para compreender as consequências de uma mudança de regime alimentar. Consequentemente, duas predições são possíveis. De início são previsíveis, num primeiro tempo, efeitos deletérios associados a uma mudança alimentar, efeitos tão mais fortes quanto mais importante for essa mudança. Em seguida, intervém uma seleção, visando diminuir progressivamente esses efeitos no decorrer de gerações, particularmente no caso de mudanças muito intensas.

No caso do consumo do leite, não possuímos informações sobre os efeitos adversos por ocasião das primeiras etapas, mas é possível imaginar uma mudança gradual, como sugerem os dados genéticos das raças leiteiras europeias. Assim, a desvantagem associada a essa mudança alimentar deve ter permanecido fraca durante a mudança genética e cultural ocorrida. No caso da ilha de Guam, a mudança brusca provocou estragos elevados, e faltou tempo para que eles fossem compensados de modo genético ou cultural. Ao mesmo tempo, temos um fenômeno demográfico, o desaparecimento progressivo do morcego devido ao excesso de caça: o que acabou por resolver o problema. Numa escala evolutiva, outros cenários seriam possíveis: por exemplo, o aparecimento de uma resistência genética à toxina (como a desenvolvida pelo morcego), ou de uma apreciação gustativa menos intensa (reduzindo assim o consumo), ou ainda de práticas culturais diferentes, por exemplo, receitas eliminando a toxina. O problema não existe mais em Guam: atualmente encontram-se por lá morcegos congelados, importados de outras ilhas, onde não existem *Cycas*. Solução moderna, antigamente inimaginável.

Voltemo-nos agora para uma mudança alimentar recente, no mundo ocidental.

O açúcar

O que chamamos comumente de "açúcar" é na verdade sacarose, produzida a partir da cana-de-açúcar ou da beterraba. É uma molécula composta de dois açúcares mais simples, a glicose e a frutose. Sacarose, glicose e frutose são os três açúcares principais presentes nas frutas, as únicas denominações para açúcar que serão utilizadas aqui.

Por que gostamos tanto de açúcar? Notemos que, para os primatas, a capacidade de detectar e apreciar o açúcar varia de uma espécie para outra, de acordo com a quantidade de frutas em seu regime alimentar. Para o Homem, o açúcar é tradicionalmente um produto raro e energético, encontrado sobretudo nas frutas e no mel, disponível segundo as estações, sendo que a frutose é com frequência o açúcar majoritário. O prazer gustativo associado ao consumo de um alimento raro e precioso não é um acaso: sem o prazer gustativo não há busca e consumo daquilo que o desencadeou. Devido ao grande valor energético do açúcar, instaura-se por seleção natural uma associação entre prazer gustativo e melhor detecção. Notem que é essencialmente a frutose o alvo dessa seleção no que concerne à capacidade de detecção e apreciação: seu poder adoçante é mais forte que o da glicose ou o da sacarose.

A sacarose representa hoje uma parte não negligenciável do regime alimentar do Homem ocidental. O fenômeno é recente na Europa, pois a sacarose, vinda do Oriente Médio, permaneceu por muito tempo como um remédio caro, depois uma "especiaria" de luxo, proveniente das plantações de cana-

-de-açúcar das Antilhas. No século XIX, com a cultura da beterraba, presenciamos uma reviravolta: o preço diminui, o consumo aumenta. Em meados do século XIX, na França, o consumo médio girava em torno de dois quilos de açúcar por habitante e por ano. Alain Drouard, um historiador, detalha: "Para a maioria da população [amplamente rural], a cozinha não mudara muito desde o Antigo Regime [...]. A mudança decisiva ocorreu após a Segunda Guerra Mundial, em consequência do êxodo rural e da industrialização. O regime alimentar transformou-se progressivamente na década de 50." E o consumo individual de açúcar, que já atingia dezenove quilos anuais em 1920, chega hoje a trinta e sete quilos, ou seja, o equivalente a pouco mais de vinte torrões de açúcar por dia. Mas onde será que eles conseguem, no dia-a-dia, se esconder? São facilmente encontrados nos alimentos ou nas bebidas que nós mesmos adoçamos (café, chá, iogurtes, saladas de frutas, etc.) e naqueles aos quais se acrescenta açúcar em sua fabricação (numerosos iogurtes, compotas ou sucos de frutas), ou ainda naqueles que habitualmente contêm açúcar em quantidade (doces, tortas, confeitos, balas, refrigerantes, etc.). Uma única latinha de refrigerante pode conter o equivalente a seis torrões de açúcar...

Portanto, sendo relativamente recente, o consumo intenso de sacarose representa uma mudança alimentar brusca. Segundo a teoria da adaptação local, tal mudança poderia provocar efeitos indesejáveis sobre a saúde.

A pesquisa médica descreveu claramente a cadeia dos efeitos produzidos pela ingestão regular de grandes quantidades de sacarose. A sacarose é inicialmente degradada, gerando um aumento muito rápido de glicose no sangue, produzindo geralmente uma hiperglicemia. A glicose é um recurso fisiológico precioso, finamente regulado para manter certo equilíbrio: um excesso de glicose suscita a ativação da insulina, um hormônio que favorece a estocagem da glicose e a diminuição de sua concentração no sangue. Assim, uma hiperglicemia provoca uma hiperinsulimia. As hiperinsulimias repetidas provocam respostas fisiológicas que diminuem seu efeito, e pode-se chegar a uma resistência à insulina. É a diabetes tipo II, frequentemente acompanhada de obesidade. Mas a insulina interage indiretamente com os tecidos em crescimento: as hiperinsulimias repetidas têm efeitos múltiplos, principalmente durante o período de crescimento. A lista desses efeitos não para de aumentar, e é por isso que lhe foi dado o nome de "síndrome X". Se os efeitos do consumo de açúcar sobre as cáries dentárias e a obesidade são bem conhecidos e divulgados, outros são menos: por exemplo, os efeitos sobre a visão e a pele. Estes são tão pouco divulgados que o seu médico, oftalmologista ou dermatologista, talvez nunca tenha ouvido falar disso.

Tomemos uma sociedade cuja alimentação não seja ocidentalizada onde, portanto, a ingestão de açúcar não seja considerável. Por exemplo, os Inuit. Entre eles, encontram-se apenas 0 a 2% de míopes, apesar da leitura ou da televisão estarem fortemente presentes. E mesmo assim, trata-se de miopia leve. Mas se fornecida aos adultos e às crianças uma dieta alimentar essencialmente ocidental, vinte anos mais tarde as crianças que se tornaram adultos serão em sua maioria míopes

(60% dentre eles), com numerosos casos de miopia grave, ao passo que, entre aqueles que já eram adultos quando a mudança alimentar ocorreu, o número de míopes permanecerá o mesmo. Os Inuit são apenas um exemplo entre outros; encontramos em muitas sociedades este aumento brusco e rápido da miopia, numa única geração, após a adoção da alimentação ocidental. Os dados médicos estabelecem um vínculo entre as hiperinsulimias e a desregulação do crescimento dos eixos óticos oculares, causa da miopia.

Entre 79% e 95% dos adolescentes europeus de 16 a 18 anos apresentam acne... Adolescência, idade das espinhas... O termo acne designa esse período eruptivo, culturalmente bem estabelecido. De fato, a palavra é recente, assim como aquilo que ela designa; data do início do século XIX. Encontramos aqui a mesma situação que na miopia: em sociedades tradicionais cuja alimentação não é ocidentalizada (incluindo a Europa antes do século XIX), a acne é quase desconhecida. Por exemplo, na ilha de Kitava (não longe da Papua-Nova Guiné), 1200 indivíduos passaram recentemente por um exame médico: nenhum mostrava na pele nada que se aproximasse do que chamamos de acne, inclusive os adolescentes. Mesmo tipo de resultado para outro grupo tradicional, os Aché do Paraguai: sete médicos acompanharam 115 pessoas durante 843 dias e nenhum sinal de acne foi jamais detectado. Os Inuit não conheciam a acne, mas ela chegou com a alimentação ocidental, rica em açúcar... Os dados médicos sugerem uma ligação entre as hiperinsulimias e o aumento da síntese do sebo, causa da acne.

Os efeitos das hiperinsulimias repetidas não se limitam à miopia e à acne. Para alguns autores, circuitos hormonais são afetados, o que favorece o crescimento de certos tecidos, provocando ou propiciando o aparecimento de cânceres das células epiteliais (seio, próstata, cólon), da síndrome do ovário policístico, de hipertensões, da calvície masculina. Sem esquecer a diabetes tipo II, que corresponde à obesidade em função da resistência à insulina (causada por hiperinsulimias repetidas). Lembremos que no consumo diário de uma criança, a menor latinha suplementar de refrigerante aumenta em 60% a probabilidade de que ela se torne obesa. Outros efeitos: o adiantamento das primeiras menstruações nas adolescentes, assim como o aumento da estatura. Com certeza, a lista não está completa.

Portanto, o aporte intenso e recente de açúcar em nossa alimentação constitui uma importante e, antes de tudo, súbita mudança alimentar, que seria normal associar a efeitos negativos bastante fortes sobre a saúde. Além disso, um regime alimentar particular encontra-se necessariamente associado a um dado ambiente. Se o ambiente mudar sem que o regime alimentar se ajuste, cria-se uma defasagem, e o regime alimentar não é mais perfeitamente adequado. Exemplo: se o nível de exercício físico diminui, o regime alimentar adequado deve mudar, por exemplo, com (ao menos) uma diminuição global da quantidade de calorias ingeridas. Assim, atualmente chegamos a uma defasagem suplementar: nossa alimentação é mais rica em calorias, e o açúcar é parcialmente responsável por isso, ao passo que os esforços físicos, globalmente, diminuem. Vislumbramos aqui uma conclusão importante: não existe solução geral, devido às diferenças individuais. Uma alimentação rica em calorias é conveniente para um atleta, mas contribui para a obesidade do telespectador assíduo.

Seria tentador concluir que a frutose deveria substituir a sacarose em todos os alimentos adoçados. A maioria dos alimentos que tradicionalmente serviram para o aporte de açúcar não contém frutose. O mel, por exemplo, contém de 70% a 80% de açúcares, dos quais 38% de frutose, 31% de glicose e proporções inferiores de sacarose e outros tipos de açúcar. Podemos assim considerar que uma substituição completa da sacarose pela frutose, principalmente sem modificação das quantidades atuais de açúcares consumidos, traria apenas uma solução parcial às incidências de hiperinsulimias; além do mais, seria possível que esse novo tipo de mudança alimentar também ocasionasse efeitos indesejáveis.

E dos edulcorantes? Um edulcorante é um produto químico que não é um açúcar, mas que proporciona uma sensação de sabor doce. Isto não seria uma solução? A origem dos edulcorantes é interessante: é um composto produzido por plantas, fabricado com o objetivo de enganar. O açúcar é energético, e então "caro" para ser produzido. Em uma fruta, o grão é protegido por compostos tóxicos, pois ele guarda o futuro genético da planta. Mas esse grão tem que percorrer um caminho antes de germinar, não podendo cair justamente aos pés de sua mãe, e acabar competindo com seus irmãos e irmãs, devendo, assim, geralmente emigrar. Para conseguir isso, nada mais simples: utilizar os animais, atraindo-os com uma carne açucarada, disposta em torno do grão. O tordo bica um figo, as pequenas sementes vão sobreviver durante o trânsito intestinal e poderão germinar longe de sua mãe: a partida está ganha! Com múltiplas variantes, isto acontece com todas as frutas açucaradas, e a domesticação de certas espécies pelo Homem fez com que, muitas vezes, suas partes doces fossem exageradas por seleção natural.

Com frequência, os açúcares são recompensas oferecidas pelas plantas a certos animais em troca de serviços específicos. Nesse tipo de interação, existem naturalmente trapaceiros. E certas plantas oferecem uma falsa recompensa, por exemplo, um açúcar falso que desencadeia uma sensação doce mas não traz o acréscimo de energia esperado... Uma trapaça! Essa é a origem evolutiva dos edulcorantes.

É provável que em curto prazo um edulcorante não provoque efeitos deletérios: ele é concebido para enganar, não para despertar imediatamente suspeitas. Em contrapartida, é difícil prever qual poderia ser o efeito de um consumo repetitivo. Enviar de maneira regular uma mentira fisiológica a seu organismo pode constituir certo risco. As experiências científicas trarão conclusões sobre este ponto, que permanece em aberto, embora os primeiros resultados tendam a ser desfavoráveis aos edulcorantes.

Óleos e vitaminas

O problema das vitaminas encontra-se solucionado de uma vez por todas no Ocidente: elas são acrescentadas a numerosos produtos, alimentos para lactantes ou crianças, bebidas; podem até ser compradas em comprimidos, com altas concentrações. Algumas são antioxidantes, ou seja, permitiriam lutar contra o envelhecimento. Bastaria acrescentar um comprimido de vitamina C, E ou de betacaroteno como complemento alimentar e num passe de mágica as rugas deixariam de aparecer! Mas, lamentavelmente, se há algo que não envelhece, é com certeza a busca de uma vida sem envelhecimento. Infelizmente, todos os grandes estudos científicos, conduzidos independentemente em vários países, concluem que as complementações de antioxidantes, sob forma medicamentosa, não produzem os efeitos desejados. E por vezes observa-se o contrário, ou seja, um aumento dos riscos de desenvolvimento de doenças graves. Os antioxidantes são compostos naturalmente presentes em muitos alimentos, sendo indispensáveis à nossa alimentação – nós os consumimos essencialmente nas frutas e legumes – mas seu aporte sob uma forma purificada e concentrada, em quantidade importante, representa uma novidade alimentar: assim, não é surpreendente observar muitas vezes a ausência, no mínimo, de efeitos benéficos.

Outra novidade no regime alimentar ocidental: a presença de óleos vegetais refinados, sendo que tradicionalmente apenas o azeite de oliva era consumido na bacia do Mediterrâneo. Agora, encontramos em abundância óleo de girassol, de colza, de sementes de uva, amendoim, nozes, dendê, etc. (é possível até encontrar óleo de gérmen de trigo!), mais ou menos transformados, também integrados em muitos alimentos. Dois tipos de novidade devem ser assinalados a respeito da maioria desses óleos: a "saturação" e a presença de "ácidos graxos *trans*". Esses dois fatores contribuem para a elevação de colesterol no sangue, aumentando assim a probabilidade de ocorrência de acidentes cardiovasculares.

Poderíamos aumentar a lista de exemplos, com as mesmas conclusões: geralmente existe uma relação direta entre o aumento, recente e importante, de um ingrediente no regime alimentar, e efeitos deletérios sobre a saúde.

Adaptações locais?

Os regimes alimentares diferem de acordo com as culturas. Já vimos o exemplo do leite, cujo consumo, em certas culturas, provoca distúrbios digestivos mais ou menos graves. Em Bali, devido à intolerância à lactose, o leite é utilizado como laxante. Existem outras adaptações locais além dessa referente ao leite? A questão é importante, em razão da globalização atual de todos os produtos alimentares do planeta. Por exemplo, a quinua, cultura tradicional dos altos platôs da América do Sul, era a base da alimentação das civilizações pré-colombianas. Os Incas chamavam-na de *chisiya mama*, o que em quechua significa "mãe de todos os grãos". Hoje, a quinua é facilmente encontrada nas lojas francesas de alimentos. Será que um europeu cujos ancestrais nunca comeram essa planta (nem consumiram regularmente grãos de outras plantas europeias da mesma família), pode incluí-la em seu regime alimentar sem riscos para a saúde? Um asiático pode certamente consumir soja sem problemas: para ele é um gesto milenar. Mas um ocidental ou um africano pode ter a mesma despreocupação? Tratando-se de trigo ou centeio, a situação evidentemente se inverte entre o ocidental e o asiático. Deveríamos nos fazer mais vezes esse tipo de questão.

Com frequência as plantas defendem-se contra os herbívoros com a ajuda de compostos secundários tóxicos. Os órgãos que contêm reservas energéticas, como o grão, são obviamente o alvo preferido dos predadores, e portanto o lugar em que irão se acumular as moléculas defensivas.... Abram um caroço de abricó: a amêndoa que encontrarão é amarga, devido a um composto, a amigdalina, cuja ingestão não é recomendável em grande quantidade: ele produz cianeto. Existe o mesmo risco para o consumo de sementes de maçãs e amêndoas de caroços de cerejas. No que se refere aos cereais, entre os quais o trigo, encontramos por exemplo lectinas, cujas moléculas são muito eficazes contra os predadores. Na soja, existe genisteína, a quinua contém saponinas. Num mesmo grão, é comum haver dezenas e mesmo centenas de compostos diferentes cuja função é a defesa contra os predadores. Quais são os efeitos desses compostos sobre a saúde do homem? É claro que eles não são necessariamente nulos. Por que eles o seriam? Suspeita-se que as lectinas contribuam para um desequilíbrio hormonal e para a manifestação de certas artrites reumatóides. A quinua não é recomendada para bebês com menos de dois anos, devido à presença de saponina. A genisteína interage com os receptores de estrógeno, afetando assim a expressão de genes envolvidos na regulagem dos fluxos hormonais.

A seleção natural favorece os animais que conseguem contornar as defesas das plantas, e estas, por sua vez, refinam suas defesas: essa verdadeira corrida às armas produz adaptações específicas. Certos animais especializam-se no consumo de certas plantas, em função de adaptações específicas peculiares à desintoxicação de compostos secundários específicos.

Portanto, parece totalmente pertinente considerar a existência de adaptações locais alimentares nas populações humanas. Essas adaptações locais podem ser de ordem culinária. As técnicas de preparação e cozimento por exemplo, podem bastar para eliminar compostos tóxicos. A batata é uma boa ilustração disso: o descascamento elimina as concentrações de solanina na casca, e o cozimento destrói as lectinas. O efeito de certas técnicas culinárias é mais sutil: a cocção tradicional do milho, que utiliza um tratamento alcalino no preparo da farinha, é primordial se esse cereal constituir a base da alimentação. Nesse caso, a ausência de tratamento alcalino leva a uma deficiência alimentar grave. Trata-se, nesses exemplos, de uma adaptação de ordem cultural, e portanto potencialmente deslocável para outros lugares. Mas ela pode ser de ordem genética e assim constituir um verdadeiro problema de saúde se houver uma transferência geográfica de gêneros alimentícios. Sabemos que tais adaptações alimentares existem, como mostram os seguintes exemplos.

Os europeus ou pessoas de origem europeia são menos capazes de desenvolver resistência à insulina e diabetes tipo II que pessoas de outras origens geográficas. Isso poderia ter sua origem numa seleção histórica tendendo a um início de resistência às hiperinsulimias, ou então ter sido favorecido pelo grande consumo de leite na Europa. De qualquer maneira, explicam-se assim as taxas particularmente altas de manifestações da síndrome X em populações de origem não-europeia com um regime alimentar ocidentalizado: encontramos então 82% de míopes na população chinesa de Singapura, 52% de mulheres indianas da Inglaterra apresentam a síndrome de ovário policístico, e as moças indianas criadas na Suécia geralmente têm sua primeira menstruação mais cedo que as suecas ou as indianas criadas na Índia.

Peguem uma pimenta bem forte e ofereçam-na a diferentes pessoas. Observem as diferenças: certas pessoas irão comê-la com o maior prazer, enquanto outras terão fortes reações. Essa diferença na detecção da capsaicina, molécula responsável pelo gosto apimentado, é essencialmente genética: com treino, é possível aumentar a capacidade de suportar a pimenta, mas uma pessoa desprovida da variante genética adequada será incapaz de consumir uma quantidade equivalente à de alguém que a possuir. Essa variante genética também detecta outras moléculas de defesa em outras plantas. Assim, pessoas que não suportam a pimenta reagem, em geral, de modo previsível à mostarda, ao curry, à pimenta-do-reino, à toranja, por exemplo. De outro lado, a distribuição do gene responsável não é geograficamente homogênea. As pessoas que suportam facilmente a pimenta representam 43% da população indiana, 25% a 30% da população mediterrânea, 7% dos lapões e dos japoneses, 3% dos africanos do oeste e 2% dos navajos. E essas porcentagens podem ser relacionadas com os hábitos alimentares locais.

A intolerância à sacarose corresponde a uma deficiência na digestão da sacarose, doença rara nas culturas ocidentais (0,2% na América do Norte), devido à forte prevalência tradicional do consumo de frutas. Nas regiões onde as frutas comestíveis são raras, ou mesmo ausentes, como no Ártico, essa "deficiência" é muito mais frequente: ela atinge 10,5% entre os Inuit da Groenlândia e, sem dúvida, mais nas etnias do Alasca.

Tomem um indivíduo e contem seu número de cópias do gene AMY1. Esse gene produz uma amilase, enzima digestiva que permite transformar o amido em unidades menores. Se o número de cópias for bem pequeno, por exemplo, entre dois e cinco, trata-se com certeza de alguém originário de uma cultura não dependente da agricultura: o consumo regular de cereais ou de outras plantas com grandes quantidades de amido selecionou duplicações desse gene, sem dúvida para facilitar sua digestão.

É possível encontrar nos escritos científicos muitos outros exemplos de adaptações alimentares locais; terminemos com um exemplo experimental: o consumo de um mesmo tubérculo de uma planta australiana, por aborígenes e caucasianos, provoca taxas sanguíneas de insulina mais baixas no aborígene, que consome tradicionalmente esse tubérculo há mais ou menos 40 000 anos.

Numerosas adaptações alimentares locais ainda não foram identificadas devido à novidade desse conceito. Como exemplo, mencionemos o caso da soja. Os estudos científicos a esse respeito não determinam claramente se a soja tem um efeito protetor ou agravante sobre os cânceres de seio. Os asiáticos consomem soja regularmente, em abundância, há mais de dois milênios; não é surpreendente que os efeitos tóxicos e cancerígenos da genisteína afetem-nos menos. Mas para as populações que incluíram recentemente a soja e seus derivados na alimentação, os efeitos poderiam ser nefastos. Atualmente, ainda não dispomos de suficientes estudos científicos para confirmar ou refutar essa hipótese.

Conclusão

A recente mudança de regime alimentar no Homem ocidental é apenas um exemplo no mundo animal. As diferentes adaptações alimentares locais observadas nas diversas populações humanas são resultantes de transformações alimentares num passado mais longínquo. No entanto, a última mudança alimentar foi particularmente brusca: iniciada há mais ou menos dois séculos, somente após a Segunda Guerra Mundial ela se tornou mais marcante. Suas causas são múltiplas: sem entrar nos detalhes, é difícil não atribuir uma parte de responsabilidade às empresas agroalimentícias, como afirma com sobriedade um historiador da alimentação: "A demonstração dos efeitos patológicos do excessivo consumo de açúcar, por cientistas independentes no final da década de 1960, acabou por provar que os interesses das indústrias alimentares não recobriam os interesses de uma política de saúde pública." Essa divergência de interesses e essa repentinidade explicam os efeitos relativamente intensos sobre a saúde.

O caso da superabundância atual de açúcar em nossa alimentação é particularmente interessante. Devido à seleção passada para se detectar eficazmente um composto precioso, já que energético e raro, desenvolveu-se um prazer gustativo associado ao açúcar. Na situação atual, esse prazer gustativo tornou-se uma armadilha darwiniana, provocando um superconsumo com efeitos negativos sobre nossa saúde. O que vai acontecer no futuro? Podem aparecer, por exemplo, genes de resistência às hiperinsulimias, que irão se espalhar por seleção natural. É claro que vão ser necessárias várias gerações antes de se poder observar um efeito sobre o conjunto da população. Também é possível uma resposta institucional: promulgação de leis proibindo as incitações ao consumo de alimentos com acréscimo de açúcar, por exemplo na publicidade, ou nas apresentações de doces nas lojas, ou ainda nos distribuidores de refrigerantes; talvez leis obrigando as empresas agroalimentícias a diminuir substancialmente o acréscimo de açúcar e de edulcorantes. Se nada for feito, pode-se prever que as "sobrecargas ponderais" e a obesidade irão se tornar rapidamente um estado "normal", tendo como consequência, entre outras, uma evolução das preferências estéticas corporais e, se todas as demais variáveis permanecerem inalteradas, uma diminuição da esperança de vida.

De qualquer forma, será muito interessante observar as modalidades (culturais ou genéticas, institucionais ou individuais) que irão emergir visando diminuir os efeitos deletérios de nossa alimentação atual sobre a saúde.

2

Devemos auscultar nossos médicos? A medicina evolutiva

Que sorte viver no terceiro milênio, dispondo de uma ciência médica sofisticada, baseada no progresso científico, com milhares de medicamentos disponíveis e hospitais bem equipados! Quando olhamos para trás, contemplamos, por exemplo, as tentativas às cegas dos médicos no passado, os conselhos dos charlatães de antigamente, ou ainda os remédios das comadres, as famosas sangrias abandonadas durante o século XIX, assim como as fantasias das eugenias da primeira metade do século XX. Sem esquecer dos navegadores que, há pouco menos de dois séculos morriam com frequência de escorbuto, simples deficiência alimentar em vitamina C! Desde então, houve a descoberta da vacinação e dos antibióticos, a compreensão dos ciclos parasitários, do suporte da hereditariedade, a revolução tecnológica das imagens médicas... Nos perguntamos como é que nossos ancestrais conseguiram viver ou sobreviver.

Entretanto, alguns pequenos problemas alteram as cores ufanistas desse quadro moderno. É fácil identificar "erros médicos" em um passado ainda muito recente. Entre 1957 e 1961, os médicos de quarenta e seis países recomendaram às mulheres grávidas um medicamento (a talidomida) para evitar as náuseas dos primeiros meses da gravidez: 12 000 bebês nasceram então com malformações irreversíveis dos braços e pernas. A partir de 1950, e durante mais de trinta anos, um medicamento (destilbeno) foi prescrito às mulheres grávidas visando evitar abortos. As crianças que nasceram desenvolveram cânceres, ou ainda, malformações genitais e problemas de infertilidade, descobertos quando elas se tornaram adultas, no momento de procriar. Na França, 80 000 mulheres foram concernidas (suas mães tomaram destilbeno entre 1950 e 1977, data de sua proibição na França), e milhões de outras no mundo. Em curtos períodos de tempo, os conselhos médicos são contrastantes: nos países industrializados, o aleitamento materno foi desaconselhado e, no fim dos anos 60, ele chegou mesmo a se tornar raro; o corpo médico adota atualmente uma atitude totalmente diferente, "considerando que, no decorrer das décadas seguintes a recrudescência dessa prática e a intensificação da pesquisa sobre numerosos aspectos da alimentação infantil permitiram apreender com mais clareza os efeitos negativos do não-aleitamento e da utilização de preparados industrializados para bebês, não somente nos países em desenvolvimento, mas também nos países industrializados".

Essas hesitações dos procedimentos médicos num passado recente fazem prever que, daqui a algumas décadas, será comum zombar de certas práticas médicas atuais, como nós próprios fazemos ao observar as gerações precedentes. Se possível, seria tentador dar um pequeno passeio no futuro, para roubar disfarçadamente um saber precioso que nos autorizasse, em certos pontos, a contradizer com propriedade nossos médicos de hoje, ou mais concretamente, a não seguir às cegas algumas de suas recomendações. De fato, esse exercício não é completamente impossível. Não através de viagens para o futuro (a física o proíbe), mas ampliando o ponto de vista sobre as interações biológicas para melhor compreendê-las. É esse o objeto da medicina evolutiva.

Batizada *Medicina Darwiniana* no mundo anglo-saxão em 1991, essa abordagem científica popularizou-se em 1995. Sem caricaturar demais, podemos dizer que a medicina evolutiva interessa-se pelas causas evolutivas, em oposição à medicina clássica que focaliza essencialmente as causas próximas. Eis alguns exemplos.

As doenças infecciosas

Diante de um sintoma manifesto de ataque por um agente patogênico, antes de realizar o que quer que seja, o primeiro passo é saber se esse seria um efeito do agente patogênico para sua própria vantagem, ou de uma resposta adaptativa do organismo. Um cachorro que tenha contraído raiva irá salivar, sua capacidade de engolir diminui, e ele desenvolve uma forte agressividade: esses comportamentos são "manipulações" organizadas pelo vírus para favorecer sua própria transmissão, pois o vírus, muito concentrado na saliva, será inevitavelmente injetado no sistema circulatório de outro hospedeiro através de uma mordida. É assim que o vírus é transmitido e sobrevive: a cada geração, os vírus melhor dotados na manipulação do comportamento de seu hospedeiro levam vantagem por seleção natural. O veterinário não irá curar o cachorro lutando contra os sintomas, por exemplo bloqueando o processo de salivação ou fazendo o animal engolir um calmante para diminuir sua agressividade. A verdadeira causa é evidentemente um vírus, instalado no cérebro, lugar ideal para pilotar o comportamento de seu hospedeiro. Portanto, a supressão desses sintomas não irá eliminar a doença, e tampouco agravará o estado do animal. O que acontece, entretanto, quando os sintomas não são resultantes de uma manipulação por parte do agente patogênico, mas são respostas adaptativas do organismo para melhor se defender?

A febre

Mariana está com uma forte febre: ela deve tomar uma aspirina? Uma experiência foi realizada em condições controladas: o vírus do resfriado foi inoculado por pulverização nasal em voluntários; metade deles tomou aspirina, a outra um placebo. As pessoas que tomaram aspirina demoraram mais para ficarem curadas. Graças a esse tipo de experiência, e a muitas outras, sabemos que a febre é uma resposta adaptativa do organismo, entre outras respostas possíveis para se lutar contra um agente patogênico. Fazer baixar artificialmente a temperatura, por exemplo, tomando aspirina, significa diminuir as defesas naturais do organismo. Antes da era dos antibióticos, um forte aumento de temperatura era uma solução providencial para curar certas doenças: foi assim que um médico obteve em 1927 o prêmio Nobel por ter inoculado a malária em vários milhares de sifilíticos, fazendo com que a probabilidade de sobrevida passasse de 1% para mais de 30%: as fortes febres geradas pela malária permitiam uma luta eficaz contra o agente da sífilis. A febre é uma resposta adaptativa regulada de modo muito preciso: um rato infectado com certa bactéria verá naturalmente sua temperatura aumentar em 2ºC, e esse aumento exato de 2ºC será mantido, quaisquer que sejam as flutuações exteriores de temperatura, enquanto o parasita permanecer presente. Uma elevação de temperatura, uma febre, em resposta a uma infecção, é uma resposta comum nos vertebrados, inclusive nos répteis, anfíbios e peixes, assim como nos artrópodes; ela sem dúvida se encontra presente em todos os organismos capazes de regular sua temperatura corporal.

Então devemos deixar de tratar a febre? Existem situações em que o tratamento da febre deve ser considerado. Se o agente patogênico for controlado e eliminado por outro meio (um antibiótico, por exemplo, no caso de um ataque bacteriano), a febre torna-se supérflua. É claro que ela pode ser desencadeada em função de um sinal falso. O sistema foi regulado, por seleção natural, de modo a ter certeza que irá sempre se desencadear no caso de um verdadeiro ataque por um agente patogênico. Assim, é lógico que esse sistema de segurança está regulado num nível bastante sensível, o que necessariamente provoca a aparição de falsos alarmes. Portanto, nem todas as febres indicam sempre um ataque por um agente patogênico. Além disso, a febre é uma defesa custosa, que mobiliza e aumenta o metabolismo para manter uma termoregulação num nível superior. De modo geral, é previsível que os agentes patogênicos evoluam, por exemplo, adaptando-se a uma alta de temperatura, ou encontrando uma maneira de não desencadeá-la. Um dia, sem dúvida, o saber médico será suficientemente preciso para prescrever a manutenção da febre, sua supressão ou seu desencadeamento, dependendo do tipo de agente patogênico.

Evidentemente, a febre não é a única solução adaptativa em resposta a uma infecção (o sistema imunológico, por exemplo, também pode intervir), e as respostas variam conforme o agente patogênico e seu modo de ação. A análise global dos sintomas e dos tratamentos a serem preconizados é da competência do médico. Nesse contexto, é primordial possuir um conhecimento preciso dos sintomas provenientes da manipulação do agente patogênico e daqueles que indicam uma resposta adaptativa. Se, geralmente, não há nada a se perder atacando-se os primeiros, há, em contrapartida, tudo a se ganhar quando não se atacam os outros. Existem ainda hoje exemplos de adaptações não habitualmente reconhecidas como tais? Infelizmente, a resposta é sim. Para melhor compreendermos o exemplo que virá a seguir, vamos considerar, em primeiro lugar, um ovo.

A guerra do ferro

Peguem um ovo e observem: a casca, a clara e a gema é tudo de que se precisa para fabricar um pintinho. A casca é necessariamente porosa, para permitir a respiração; mas isso também implica, no caso de pequenas bactérias, em facilidade para atravessar sem problemas essa barreira esburacada. Ora, os ovos não se infectam facilmente. Por quê? É que existe no ovo um sistema antibacteriano muito eficaz. Para se multiplicar, as bactérias precisam de ferro, assim como o pintinho tem necessidade de ferro e todos os seres vivos. No ovo, todo o ferro previsto para o pintinho (por volta de 1 mg para o ovo de galinha), encontra-se na gema. Quanto à clara, é totalmente desprovida dele, contendo, por outro lado, uma proteína especializada na captação do ferro (a conalbumina); desta forma, as poucas moléculas de ferro que poderiam restar na clara são especificamente captadas por essa proteína e tornam-se inacessíveis às bactérias. Assim, uma bactéria que atravessasse a casca iria se encontrar num verdadeiro deserto, sem a menor molécula de ferro para multiplicar-se corretamente. Esse sistema é tão eficaz que nas medicações tradicionais a clara do ovo é por vezes empregada como antisséptico sobre escoriações ou feridas externas. É claro que o funcionamento desse sistema aconteceu de modo progressivo, dando lugar a contra-adaptações específicas das bactérias, que aliás possuem um sistema eficaz de recuperação de ferro em concentrações muito baixas. Quanto às proteínas especializadas na captação do ferro, elas representam 12% da massa da clara do ovo da galinha. Portanto, o ferro é um item muito disputado nas interações entre um hóspede que tenta sobreviver e uma bactéria que gostaria de utilizá-lo para aí se desenvolver. O que acontece no caso do Homem?

No Homem, várias proteínas têm funções equivalentes à conalbumina do ovo: elas captam o ferro e o tornam inutilizável pelas bactérias ou outros agentes patogênicos. É o caso das transferrinas, presentes no plasma sanguíneo.

Se voluntários forem infectados com uma bactéria patogênica, duas respostas fisiológicas aparecem: um aumento da temperatura (uma febre) e uma diminuição do ferro plasmático. A febre é uma resposta adaptativa para melhor lutar contra uma invasão e o exemplo do ovo sugere que a diminuição do ferro plasmático, captado especificamente pelas transferrinas, poderia ser da mesma ordem. Como ter certeza disso? Dando um suplemento de ferro aos indivíduos parasitados. Isso foi feito com populações africanas, por médicos que pensavam que a baixa do ferro era uma carência anormal, devido à má nutrição. Um exemplo entre outros: uma população de Massi recebeu, durante o período de um ano, um suplemento de 6,2g de ferro. De fato, essa população apresentava uma fraca taxa de ferro plasmático, sem saturação em ferro da transferrina. Na verdade, essa fraca taxa global provém do ajustamento natural da taxa de ferro no plasma, dada a alta frequência de contatos parasitários em função do ambiente. Ao fim de um ano de experiência, as amibioses encontravam-se presentes em pelo menos 9% do grupo de controle que não havia recebido suplemento de ferro e em 83% do grupo que o havia recebido; nenhum caso de malária no grupo controle, 17% no outro grupo. Portanto, nesse caso preciso, a complementação em ferro aumentou intensamente as doenças parasitárias. Existem vários estudos sobre situações similares, com as mesmas conclusões. Em certos casos, uma baixa taxa de ferro indica uma real deficiência, uma complementação, sendo então recomendada. Mas considerar de início uma baixa taxa de ferro no plasma sanguíneo como "anormal", sem tentar ter uma compreensão mais ampla dos dados, pode levar a situações paradoxais.

Mulher grávida e leite materno

A mulher grávida encontra-se num estado particular, pois ela hospeda um corpo estranho. Seu sistema imunitário, formidável máquina de guerra contra as intrusões, começa nessa época a funcionar em baixa frequência, para não ser desencadeado por engano contra o embrião: assim, a mulher grávida é naturalmente imunodeprimida. Para não favorecer os ataques parasitários durante esse período crítico, outros tipos de defesa são então ativados, por exemplo, preferências alimentares específicas, evitando assim os alimentos mais parasitados, como veremos mais adiante. Também observamos, na mulher grávida, um rebaixamento de ferro plasmático. Atualmente, esse rebaixamento é interpretado como uma deficiência, e não como uma resposta adaptativa: para compensar essa baixa, hoje sempre se recomenda um suplemento de ferro. Mas mesmo os casos extremos justificando esse suplemento, as suas consequências ainda devem ser avaliadas.

No que diz respeito ao bebê, sua alimentação deve estar provida de tudo que for necessário para seu crescimento, inclusive ferro. Mas submetê-lo à ingestão direta de ferro, sem protegê-lo dos agentes patogênicos, seria pouco recomendado. O leite materno contém quantidades enormes de lactoferrina (20% das proteínas totais, de um a quatro gramas por litro), e essa proteína tem a mesma propriedade que a conalbumina do ovo e a transferrina do plasma sanguíneo: captar o ferro e torná-lo assim inutilizável por um agente patogênico. O leite materno contém ferro, mas esse ferro está bem embalado, sem a mais mínima molécula que pudesse ser utilizada por um micróbio mal intencionado. Experiências confirmam que a exiguidade do ferro diretamente disponível no leite materno seria uma adaptação: uma injeção de ferro (10mg/kg) a lactantes provoca uma multiplicação por sete dos riscos de septicemia e de meningite; administrar um suplemento de ferro a bebês amamentados pela mãe, com idade de quatro a nove meses e de constituição normal, aumenta os riscos de infecção intestinal. Essas experiências, conduzidas com boas intenções, revelam que a aparente pobreza em ferro do leite materno foi considerada uma deficiência. Ao contrário, sob essa forma ligada às lactoferrinas, o ferro é altamente assimilável pelo bebê; assim é raro encontrar uma anemia num bebê amamentado exclusivamente com leite materno. Mas se alimentos exteriores forem acrescentados à amamentação materna, inclusive leite de vaca, constatamos um grande rebaixamento da absorção do ferro fornecido pelo leite materno; daí a necessidade de compensação por um aporte exterior. Esse aporte deve ser intenso, devido à capacidade muito fraca de absorção do ferro livre pelo bebê; assim, é rompido o sistema muito elaborado de aporte de ferro pelo leite materno, protegido dos agentes patogênicos.

De modo mais geral, qualquer modificação da alimentação materna deve ser cuidadosamente justificada. Entre os mamíferos, a composição do leite varia enormemente de uma espécie para outra: as proporções entre proteínas e gorduras variam, dependendo se estiver sendo fabricado um bezerro ou uma criança. A grande massa muscular do bezerro, comparada à sua cabeça, necessita mais de proteínas que de gorduras, e a grande cabeça da criança, com relação a um corpo relativamente pequeno, necessita mais de gorduras que de proteínas. Assim, a vaca produz um leite contendo por volta de trinta e dois gramas/litro de proteínas, contra uma taxa de oito-dez gramas/litro para o leite da mulher. O processo de seleção natural chega a uma adequação, para cada espécie, entre as necessidades do recém-nascido, segundo sua morfologia e seu habitat e a composição do leite de sua mãe. Uma seleção atuou de modo importante visando um ajuste entre necessidades alimentares e antiparasitárias, e composição do leite. Atualmente, devido às recentes mudanças ambientais, em especial a forte diminuição dos contatos parasitários na vida moderna, é possível que certos elementos presentes na composição do leite já não estejam em seu nível ótimo. No entanto, sem critérios científicos sérios, e numa perspectiva global levando em conta o processo de otimização da composição do leite, parece pouco pertinente propor mudanças em sua composição e ainda menos pertinente falar de uma "melhoria".

A alergia

Se vocês entrassem numa farmácia antes da Segunda Guerra Mundial e falassem ao farmacêutico sobre sua alergia ao pólen, ele arregalaria os olhos, e pediria que repetissem. Não, ele não é surdo, mas simplesmente não conhece a palavra "alergia". E é compreensível: o verbete "alergia" nem mesmo existe na enciclopédia *Quillet* de 1934 ou no *Nouveau Petit Larousee illustré* de 1948. E esse farmacêutico tampouco conheceria o fenômeno ao qual a palavra se refere: a alergia, a palavra e aquilo que ela designa, fez sua aparição em massa nestas últimas décadas. A alergia é uma reação específica do sistema imunitário, consecutiva a um contato com uma substância particular, chamada alérgeno (que gera uma alergia). A alergia é atualmente um verdadeiro fenômeno social, afetando de 30% a 40% das crianças ou adolescentes na França. O que aconteceu? O pólen primaveril não é uma novidade em nosso meio ambiente: ele representa efetivamente a causa (próxima!) de certas alergias; sem dúvida, é ele que as desencadeia, mas por que ele não fazia isso antigamente? E a alergia aos pelos de gato, aos ácaros? E as múltiplas alergias alimentares, cuja lista poderia ser recitada por longas páginas (alergias aos pêssegos, aos camarões, aos ovos, às avelãs...)? O que foi que mudou, qual é a causa evolutiva da alergia? Certas alergias, especialmente aquelas que causam estados graves, não podem ser a expressão de uma adaptação. Mas haveria alergias que são manifestações adaptativas?

Nosso sistema imunológico é uma formidável máquina de guerra. Sua complexidade é tal que, atualmente, ninguém pode afirmar que conhece seu funcionamento completo. Ainda estão sendo descobertos regularmente novos elementos seus. Ele possui um modo especialmente sofisticado de aprendizagem e memorização, possibilitando uma maturação desse sistema de defesa durante a infância. Uma das características da vida moderna é a forte diminuição dos parasitas, comparativamente à vida cotidiana tradicional. Brincando na lama do jardim, correndo atrás das galinhas e ajudando a ordenhar as vacas, uma criança encontra-se em contato permanente com grande número de micro-organismos. A água que ela bebe contém micróbios e assim seu sistema imunológico é constantemente solicitado. A alergia é resultante do deserto parasitário da vida moderna, com essa máquina de guerra temível e eficaz que, ao se encontrar sem inimigo, entra então em funcionamento em resposta a um sinal inadequado. Portanto, segundo essa hipótese, a alergia seria uma resposta "mal adaptada".

A hipótese parasitária é sustentada por vários resultados experimentais. Um dos mais espetaculares diz respeito à doença de Crohn, afecção inflamatória grave e crônica do tubo digestivo: ingerindo-se 2500 ovos de um verme intestinal do porco a cada três semanas durante seis meses, os sintomas diminuem ou desaparecem na grande maioria dos pacientes voluntários, e nenhum efeito secundário é observado. Esse verme do porco tem dificuldade para se desenvolver nos intestinos humanos, mas aparentemente sua presença permite que o sistema imunológico se reencontre num ambiente mais familiar, remediando, assim, esta doença inflamatória. Caminho promissor, hoje ativamente explorado: houve tentativas com outras espécies de vermes e em outros tipos de situação ou outros tipos de organismos de nosso ambiente tradicional. Desta forma, é previsível um efeito simétrico, por exemplo, tratando-se indivíduos para eliminar seus parasitas intestinais, aumentaríamos a probabilidade de desenvolvimento de alergias. É o que foi observado no Gabão: entre as crianças tratadas, observou-se o desenvolvimento de alergias cutâneas durante o ano seguinte ao da eliminação dos vermes intestinais.

Alguns efeitos podem ser facilmente explicados invocando-se a hipótese parasitária. Por exemplo, as crianças que frequentam creches têm menos alergias que aquelas que não o fazem: estar em contato com muitas crianças também garante a convivência com um maior número de agentes patogênicos. Os outros fatores associados a uma menor frequência de alergias nas crianças são a presença de animais familiares, o fato de se viver num ambiente rural e de ser caçula. Todos esses fatores têm em comum a capacidade de favorecer os contatos com agentes patogênicos, mesmo no que diz respeito ao último, pois o caçula, desde o nascimento, está em contato íntimo com outra criança, o que não é o caso, na mesma idade, para o filho mais velho.

A própria complexidade do sistema imunitário mostra que ele é resultado da seleção natural e que ele possui necessariamente uma função, nesse caso globalmente conhecida. O mesmo é verdadeiro para qualquer órgão complexo, pois a complexidade de um órgão é um sinal seguro da existência de uma função. A reação alérgica faz com que moléculas especializadas (as IgE) intervenham, moléculas que não parecem ter outras funções. A existência dessa classe de moléculas, produzidas em circunstâncias precisas, sugere que a reação alérgica seria uma adaptação.

Parece ilusório conseguir explicar as alergias observadas atualmente por uma hipótese adaptativa: de um lado, devido à existência de numerosas alergias com efeitos muito deletérios, consequência manifesta de uma má adaptação, e de outro, pelo caráter aparentemente inofensivo de certos alérgenos, a clara do ovo, por exemplo. Também é possível que a alergia, resposta adaptativa aparentemente muito sofisticada, não possa mais atualmente ser reconhecida como tal, em razão das mudanças ambientais bruscas e recentes: essas últimas teriam desregulado um sistema de defesa, que agora passa a ser desencadeado de maneira pouco compreensível e inadequada.

Numerosas bactérias, vírus, vermes planos e protozoários fazem parte de nossa microecologia há milênios, mas em nosso ambiente urbano atual, desapareceram ou tornaram-se raros. Os antibióticos, os vermífugos, a água sanitária e a higiene cumpriram bem sua missão. É claro que outras facetas mudaram nas últimas décadas e propuseram outros fatores para explicar a alergia. Um exemplo: a amamentação materna diminui a incidência das alergias, o que sugere que os anticorpos presentes no leite materno desempenham um papel na construção do sistema imunológico da criança. Assim, a mudança de tipo de amamentação na segunda metade do século XX certamente desempenhou um papel no intenso aumento da alergia; assim como o tabagismo passivo. Portanto, no Ocidente as alergias podem ser explicadas pela drástica redução dos agentes patogênicos e da diversidade dos micro-organismos em nossa vida cotidiana; elas também se explicam pela degradação da qualidade do ar que respiramos e por muitas outras mudanças em nosso ambiente imediato. No futuro, a medicina poderá sem dúvida identificar imediatamente o tipo de alergia, adaptativo ou não, e prescrever em função disso. Apostemos que as prescrições contendo vermes intestinais irão aumentar no futuro, que medicamentos à base de extratos de parasitas variados irão se multiplicar, e que outras coisas tenderão a imitar o ambiente no qual nosso sistema imunitário desenvolveu suas adaptações específicas.

Medicina e assuntos de mulheres

Em 1766, Casanova feriu-se levemente num duelo de pistolas: a bala atravessou sua mão esquerda. Quatro dias mais tarde, o braço estava todo inchado, e três médicos diagnosticaram uma gangrena; eles propõem uma amputação da mão naquela mesma noite, sem o que seria preciso cortar o braço no dia seguinte. Casanova, que não sabia o que fazer de seu braço sem sua mão, e que, acima de tudo, desconfiava dos médicos, recusou. No dia seguinte, o braço dobrou de grossura, os médicos insistiram, mas foram despachados. Dezoito meses mais tarde, Casanova recuperou o uso completo do braço, sempre animado por uma mão viva. Pôde retomar suas conquistas. Essa desconfiança com relação à medicina não é mais cabível nesse tipo de caso, pois a cirurgia dos membros opera hoje verdadeiros milagres. Casanova poderia confiar sem medo sua mão ferida à medicina do terceiro milênio, e mesmo à da segunda metade do século XX. Pois é mais fácil examinar como funciona um braço ou uma perna do que um pâncreas ou um coração; por essa razão observamos, no decorrer da história, um domínio mais rápido de uma operação sobre um membro exterior do que de uma intervenção sobre um membro interno. Numa época dada, a medicina é necessariamente desigual em suas performances, pois ela domina de modo desigual os diferentes âmbitos em que opera. Performances medíocres em certos domínios não devem servir de pretexto para se desvalorizar os inegáveis sucessos em outros; entretanto, não é inútil compreender as primeiras. Historicamente, os médicos são em geral homens, portanto *a priori* menos competentes na gestão dos aspectos especificamente femininos da vida. Que influência isso tem sobre a prática médica?

A contracepção

Que bela invenção a pílula! Finalmente, uma sexualidade aberta, que pode se expressar sem preocupações com as incontroláveis extravagâncias dos óvulos e espermatozóides, e que permite dissociar vontade e prazer da reprodução. Derramemos uma pequena lágrima de compaixão por nossos ancestrais, obrigados a ter dezenas de filhos ou a viver em abstinência sexual. Pelo menos é a imagem que temos desde que a medicina colocou em uso os contraceptivos modernos, no início da década de 1960. Sabemos atualmente que essa visão das coisas deve ser revista.

O controle dos nascimentos (contracepção e aborto) é um assunto de mulheres, cuja origem é com certeza longínqua. Na Antiguidade Clássica, existem receitas precisas, que conhecemos graças aos livros dos médicos da época (Soranos, Dioscórido, Hipócrates); alusões a elas são feitas mesmo nos papiros egípcios (por exemplo, o papiro Ebers, datado de há 3550 anos, mas que aparentemente copia um texto escrito 1000 anos antes). Esses médicos tomaram conhecimento delas por contato direto com as populações locais. Na região de Cirene (cidade da Antiguidade, hoje na Líbia), uma planta era particularmente reputada como anticoncepcional: uma férula, *Ferula historica*, o silphium dos antigos; durante muitos séculos, ela constituiu o principal recurso de exportação dessa antiga cidade grega. No século V, antes de nossa era, seu preço torna-se elevado, pois a demanda é sempre alta, as tentativas de cultura fracassam e a espécie se torna rara. Cinco séculos mais tarde, é praticamente impossível encontrá-la, e provavelmente entre os séculos II e III de nossa era ela desaparece definitivamente. Embora a *Ferula historica* não exista mais, podemos encontrar atualmente espécies que lhe são próximas, como a férula comum (*Ferula communis)* ou a assa-foetida (*Ferula assa foetida*). A ciência moderna provou que essa última tem propriedades emenagogas (que provocam a menstruação), e o princípio ativo das férulas, o ferujol, foi isolado. Em testes com animais, ele provou sua eficácia total, em 100% dos casos, para evitar a gravidez. Aliás, uma férula asiática, *Ferula moschata*, ainda é utilizada como abortivo tradicional na Ásia Central. A reputação da *Ferula historica* no mundo antigo era provavelmente justificada por sua eficácia contraceptiva, causa de sua extinção. O desaparecimento dessa planta seguramente abalou o comércio de Cirene, mas a possibilidade da contracepção continuou existindo, devido à grande quantidade de plantas disponíveis para a cocção de receitas com o mesmo objetivo.

Na Idade Média aparecem as primeiras universidades de medicina, nas quais se institui um ensino entre homens, onde um médico dirige-se a um futuro médico; mas a contracepção encontra-se ausente dos cursos; assim, nesse novo modo de transmissão do saber da medicina, o médico torna-se ignorante das práticas contraceptivas tradicionais. Depois, a Igreja se intrometeu, e sua determinação em salvar almas de embriões não foi de grande ajuda. Mas enquanto não houve interrupção da vida tradicional, a transmissão dessas práticas, de mulher a mulher, continuou. Em 2005 fiz uma pesquisa numa aldeia alpina tradicional que ainda conservava, há uns 20 anos, práticas agrícolas ancestrais: uma camponesa de 92 anos me nomeou espontaneamente uma planta muito eficaz como contraceptivo; ela relatou ter tido essa informação de sua avó, que por sua vez deve tê-la recebido de outra mulher mais ou menos na metade do século XIX. Trata-se das bagas de um junípero, ingrediente clássico das receitas contraceptivas desde a Antiguidade, e cujos efeitos contraceptivos a ciência moderna confirmou totalmente. Esse tipo de confirmação, muitas vezes restrito a experimentações animais, aplica-se a muitas plantas mencionadas nos livros médicos de outrora. Assim, qualquer que seja o tratamento desejado, contraceptivo ou abortivo, dispomos de numerosas plantas: por exemplo, a erva-doce (contém uma substância que bloqueia a produção de progesterona, e atua como emenagoga), a aristolóquia (cujo ácido aristolóquico é ao mesmo tempo contraceptivo e abortivo), a artemísia (contém substâncias que interferem na ovulação e na implantação do óvulo), o poejo-real (contém pulegona, substância abortiva), a arruda (contém substâncias abortivas, que impediriam a implantação do óvulo), grãos da cenoura selvagem (cujos terpenóides bloqueiam a síntese de progesterona), o junípero comum, a sabina, a babosa (ao mesmo tempo contraceptiva e abortiva), os grãos de agno-casto... sem esquecer a sálvia, a manjerona, o tomilho, o alecrim, o hissopo, pertencendo à mesma família botânica e contendo substâncias que bloqueiam o hormônio gonadotrofina.

Esse conhecimento tradicional, cujos traços ainda são encontrados nas últimas memórias vivas dos lugares mais tradicionais da Europa, começou a desaparecer quando os campos se esvaziaram, no decorrer do século XIX: nas cidades, os saberes tradicionais não são mais transmitidos. Assim, desde este momento, e pela primeira vez a partir desde (pelo menos) o mundo antigo, as mulheres não tinham mais à sua disposição nenhum meio eficaz de contracepção. Portanto, a contribuição da medicina moderna, que culmina com a pílula (as substâncias ativas das primeiras pílulas eram extraídas de plantas!) é um progresso real, mas que deve ser relativizado no tempo.

Estudos aprofundados sugerem que as práticas contraceptivas antigas eram seguras, eficazes e bem conhecidas. Um estudo sociológico ainda deve ser feito nesse campo, e não é impossível que, desde o Renascimento, as classes favorecidas e urbanas tenham tido pouco acesso a uma contracepção eficaz, devido ao domínio dos médicos. De qualquer forma, podemos ficar tranquilos em relação à sexualidade de nossos ancestrais.

As náuseas da mulher grávida

Náuseas e vômitos são considerados manifestações adaptativas. Essa é uma consideração geral que se aplica a todo mundo. Sensação de nojo insuportável, a náusea é uma manifestação de detecção de substâncias tóxicas, que o vômito permite serem rapidamente eliminadas; e o fenômeno de memorização associado à náusea evita que sua ingestão se renove. A complexidade e a coordenação dessas manifestações, seu desencadeamento em condições específicas, e as evidentes vantagens que elas proporcionam, tudo isso sugere que os vômitos e as náuseas são traços adaptativos tendo, portanto, evoluído por seleção natural. No caso da mulher grávida, as náuseas e os vômitos são desencadeados no caso de alimentos que não têm qualquer efeito particular quando consumidos por outros indivíduos. De fato, náuseas e vômitos são geralmente provocados antes da ingestão de alimentos. Trata-se portrato de manifestações específicas, atingindo 80% das mulheres grávidas, o que exige uma explicação particular. Mas devem ser vistas como um efeito secundário provocado por uma mudança fisiológica ligada à gravidez? Ou antes como a expressão de uma adaptação?

Consideráveis mudanças hormonais marcam o início da gestação, na qual certos hormônios atingem concentrações muito elevadas (é o caso, especialmente, da gonadotrofina coriônica). Isso poderia explicar as náuseas, mas seria apenas uma causa aproximativa; ainda seria preciso compreender porque as coisas se passam dessa forma, e porque, por outro lado, outras produções de hormônios, no homem ou na mulher, não provocam náuseas. Aliás, talvez as náuseas não existam entre as fêmeas de primatas em estado de gestação, que também possuem taxas elevadas de hormônios: portanto, essa não é uma boa pista para uma *explicação* das náuseas na espécie humana.

As náuseas da fêmea grávida estão presentes na maioria das culturas humanas, dos jivaros aos europeus, passando pelos romanos de há dois milênios. Elas se manifestam essencialmente no momento da formação dos órgãos no embrião, durante os três primeiros meses da gravidez. Se as náuseas correspondem a uma adaptação, as aversões alimentares associadas a elas deveriam ser, de um modo ou outro, vantajosas. As aversões da mulher grávida são parte de uma ampla síndrome alimentar, caracterizada por um olfato mais aguçado e uma multiplicação das papilas gustativas. Segundo estudos de várias equipes, as aversões mais fortes e mais constantes, no conjunto das populações estudadas, são aquelas ligadas à carne. Com certeza, o custo metabólico ligado à evitação da carne não é muito alto, pois a demanda energética do embrião é bastante modesta durante os três primeiros meses. Mas qual poderia ser a vantagem dessa evitação? A resposta é simples: evitar os parasitas. Sabemos que a mulher grávida é imunodeprimida, portanto mais sensível aos ataques dos agentes patogênicos. Há várias respostas adaptativas a essa situação, por exemplo uma baixa do ferro plasmático, como foi explicado acima. No plano do comportamento alimentar, trata-se de evitar os alimentos contendo excesso de parasitas. Todos os estudos comparativos e interculturais são formais: a carne é o alimento com mais chances de conter agentes patogênicos. Assim, é através da carne de vaca ou de porco que se pega o verme solitário, cujas larvas se inserem nas fibras musculares. A brucelose, ou febre de Malta, também pode ser adquirida pela carne: é longa a lista de todos os parasitas ou agentes patogênicos que podem ser transmitidos pela ingestão de carnes mal cozidas. A profilaxia do mundo moderno mudou muito as coisas, e mesmo que ainda continue se recomendando que a carne de porco seja muito bem cozida, de modo geral existem poucos parasitas nas carnes de nossos açougues, em comparação aos que podiam ser encontrados nas sociedades tradicionais, ou que existiam na Europa pré-industrial.

As náuseas não são uma doença, nem um efeito secundário de outro fenômeno: elas fazem parte de uma síndrome alimentar particular da mulher grávida. Portanto, elas seriam uma manifestação adaptativa, ligada às aversões relativas a alimentos que tradicionalmente apresentam alta probabilidade de conter agentes patogênicos. As mudanças profiláticas recentes, ao menos nas sociedades ocidentais, provocaram uma grande diminuição desses agentes nas carnes comerciais; assim, poderíamos considerar que as náuseas não representam mais uma adaptação. Sua supressão teria como objetivo aumentar o conforto da mulher grávida. Entretanto, ainda seria necessário garantir que o medicamento preconizado para suprimir as náuseas não tivesse, por si próprio, efeitos indesejáveis, como foi o caso da talidomida, de triste memória. No entanto, nas sociedades ocidentais foi recentemente estabelecida uma relação positiva entre a presença de náuseas e a diminuição de abortos, assim como existe uma correlação negativa entre a intensidade de náuseas e o peso da criança no nascimento. De onde se evidencia que as náuseas como proteção contra os agentes patogênicos são ainda algo efetivo, ou então que entram em jogo outros fenômenos adaptativos ainda não identificados.

Parto e mortalidade materna

Em 1924, Céline defende sua tese de medicina *A Vida e a Obra de Philippe Ignace Semmelweis*, onde é descrito o calvário desse médico do século XIX em busca de um remédio para a frequente mortalidade das mulheres logo após o parto. Em certos hospitais, 13% das mulheres morriam, geralmente de febres puerperais (septicemias). Os médicos dissecavam os cadáveres, buscando a causa dessa mortalidade, e a seguir iam ajudar manualmente as mulheres em seu trabalho de parto. Semmelweis propôs que, antes disso, eles lavassem as mãos, fez a experiência e obteve resultados notáveis, mas tudo aconteceu antes da teoria microbiana de Pasteur e ele acabou se tornando alvo da zombaria dos próprios colegas. Foi então rejeitado pela instituição médica e morre desesperado, após naufragar na loucura.

Descobrir a higiene não foi uma coisa simples; os médicos não admitiam que eles próprios pudessem ser responsáveis por essa alta mortalidade. A história médica, desde essa época, é uma sucessão de mudanças nas práticas para reduzir tal mortalidade. Atualmente, o parto continua sendo um risco para uma mulher europeia, mas esse risco é baixo: entre 100 000 mulheres, sobreviverão em média 99 991. Se considerarmos o caminho percorrido durante os últimos 150 anos, iremos apreciar o progresso médico obtido.

Esse progresso é inegável. No entanto, ele deve ser relativizado, pois o ponto de comparação, o século XIX, sem dúvida corresponde na Europa a um período de altíssima mortalidade materna, talvez a mais alta que se conheça. O parto é tradicionalmente um assunto de mulheres, que exclui os homens. A parteira é capaz de reposicionar *in utero* um bebê que se apresente mal, e de assistir com eficácia a toda a operação. Se necessário, ela pode recomendar a decocção de plantas para abreviar o trabalho e propiciar todo tipo de cuidados práticos. Foi sempre assim na Europa, pelo menos desde o tempo em que remontam os traços escritos, e o mesmo ocorre – ou ocorria – em todas as outras sociedades não-ocidentalizadas. Mas pouco a pouco os médicos, geralmente homens, tomaram o controle de todo o processo de parto. A posição da parturiente, por exemplo; é apenas no mundo ocidental que a mulher dá à luz deitada de costas, e isso desde há pouco tempo. Posição imposta pelo médico, para seu próprio conforto de observação. Essa mudança de posição modifica a repartição do peso e altera o processo de parto. Pouco a pouco as parteiras foram excluídas, e seu papel atual é bastante reduzido comparado à sua glória passada. Essa tomada de controle do parto pelos médicos começou no século XVIII, intensificou-se no século XIX e concluiu-se no XX, não sem um aumento de riscos para a mãe. O episódio de Semmelweis ilustra bem esse processo. Assim, pouco a pouco, a medicina foi encontrando soluções para problemas que ela própria criou. Mas o resultado atual é a taxa de mortalidade materna mais baixa em toda a história.

Medicina e adaptação local

É claro que existem diferenças genéticas entre indivíduos de um mesmo lugar, o que por vezes conduz a tratamentos específicos dependendo da presença ou ausência de certas variantes genéticas. Os parasitas variam de acordo com os continentes e latitudes, os regimes de reprodução (por exemplo poligamia ou monogamia) não são os mesmos em diversas sociedades humanas, os climas e alimentos diferem de uma região à outra. Em resposta a todos esses fatores, os ajustamentos genéticos não são necessariamente os mesmos nos diferentes grupos étnicos. É frequentemente citado o exemplo de uma variante da hemoglobina, favorecida nas regiões em que grassa a malária. De forma mais geral, entre grupos humanos as diferenças genéticas são tantas, que as práticas medicamentosas devem ser etnicamente adaptadas. Para tratar uma poliartrite reumatóide, o medicamento utilizado para um ocidental (por exemplo o metotrexato) não deve ser empregado de forma idêntica à de um chinês, devido às diferenças genéticas em certas localizações do genoma (tecnicamente trata-se do locus *TYMS*). Para diminuir o colesterol, é comum recomendar-se a diminuição do consumo de gorduras saturadas e o aumento das não-saturadas. Para certos indivíduos, especificamente as mulheres apresentando certas variantes de uma alipoproteína E (o fenótipo Apo 3/2), seria um mau conselho. De maneira mais geral, a frequência das variantes dessa alipoproteína E difere de acordo com as populações; ela tem relação com as práticas alimentares, mais particularmente no que se refere aos tipos de gordura. Assim, a taxa de colesterol no sangue, em resposta ao tipo de gordura na alimentação, vai depender da variante dessa alipoproteína. Último exemplo: peçam a uma inglesa em início de gestação e a uma indiana (da Índia), no mesmo estado fisiológico, que troquem de lugar. A inglesa na Índia e a indiana na Inglaterra irão sofrer cada qual de diferentes deficiências. A inglesa, com sua pele clara, vai sentir falta da proteção contra os raios UV, pois a insolação da Índia é mais forte do que a do noroeste da Europa. O folato que circula em seu sangue vai sofrer uma degradação pela luz (ou fotólise) exatamente quando é mais necessário para a formação correta do feto (a deficiência em folato aumenta por exemplo os riscos de espinha bífida). A indiana, com sua pele morena, irá apresentar uma superproteção aos raios UV nesse ambiente em que o sol brilha pouco. A vitamina D3, produzida por fotólise a partir de um precursor sanguíneo, vai então faltar para o embrião. A inglesa terá que receber um suplemento de folato e a indiana de vitamina D3, sendo que nenhuma das duas, em seu ambiente de origem, teria necessidade desse ajuste médico.

Conclusão

Existe uma protomedicina entre nossos primos, os grandes macacos, sob forma de automedicação, o que faz pressupor certo conhecimento das propriedades medicinais das plantas já em nossos ancestrais há vários milhões de anos. Por exemplo, os chimpanzés consomem terra argilosa após terem ingerido uma planta com propriedades antimalarianas (*Trichilia rubescens*), o que amplifica seus efeitos medicinais. O mesmo tipo de terra é utilizado pelos curandeiros locais para tratar as diarreias. Na África subsahariana, os chimpanzés e os homens utilizam a mesma planta, *Vernonia amygdalina*, para lutar contra as infecções parasitárias. Essa antiguidade da medicina, em nossa linhagem evolutiva, talvez tenha sido suficiente para dar lugar a uma coevolução entre o aspecto social da medicina e nosso estado fisiológico. Sem dúvida, esse é um dos caminhos para se explicar o papel primordial desempenhado pelo efeito placebo, presente em 35% a 40% das prescrições oficiais; segundo Patrick Lemoine, médico, "é certo que na França determinado número de tratamentos continuam em vigor, embora nunca tenha sido provada sua eficácia". Aliás, é exatamente isso que foi recentemente demonstrado para os antidepressivos, entre os quais o Prozac, que parecem não ter qualquer ação terapêutica além do efeito placebo. O ritual da consulta faz parte do efeito placebo: o médico desempenha seu papel de oráculo emitindo uma mensagem definitiva, muitas vezes incompreensível, que um farmacêutico irá decifrar. Em nossa farmacopeia ocidental, existem placebos parciais, contendo substâncias farmacologicamente ativas, mas cujas quantidades são insuficientes para obter efeitos clínicos; e verdadeiros placebos, como a homeopatia, que não os contêm. Essa riqueza em nossas farmácias de medicamentos que só agem num contexto social particular é instigante. Mas ela é compreendida quando lembramos que é característica de nossa espécie, em comparação aos grandes macacos, uma intensa especialização das interações sociais. Assim, a medicina provavelmente desenvolveu-se nesse contexto de refinamento das manipulações sociais, em interação com a evolução biológica de nosso corpo.

Uma mudança ambiental pode tornar obsoletas certas adaptações de nosso corpo, criando-se então más adaptações. As alergias do mundo ocidental são certamente uma boa ilustração disso, assim como os problemas de saúde ligados às recentes mudanças alimentares (ver o capítulo precedente). Mas uma mudança das práticas médicas também pode provocar efeitos deletérios. Assistimos, no decorrer dos últimos séculos, a uma tomada de controle pela medicina instituicional de assuntos tradicionalmente administrados pelas mulheres. Decorre daí, no século XIX, um aumento da mortalidade materna que evidentemente não era buscada por ninguém. Também foi retirado das mulheres o controle eficaz que anteriormente elas possuíam sobre a contracepção. Não que isso seja, exatamente, um efeito deletério, a menos que assumamos um ponto de vista moral, mas esse fato evidentemente modifica o equilíbrio dos sexos no controle da reprodução, chave indispensável para se compreender a história humana (ver o capítulo seguinte) e o mundo vivo. De modo geral, os conhecimentos atuais sobre a compreensão dos comportamentos da mulher grávida, o parto e o desenvolvimento da criança permanecem relativamente limitados.

A medicina ocidental assenta sua reputação sobre a ideia de progresso médico, para a qual o presente é necessariamente melhor que o passado. Entretanto, como vimos, em certos âmbitos não foi isso que aconteceu. O procedimento evolutivo com relação à medicina é uma empreitada recente; nada de surpreendente, portanto, que ela não seja ainda amplamente levada em conta pelo corpo médico. No entanto, a evolução é atualmente pouco ensinada no ensino fundamental ou médio, e os alunos não veem nem a cor disso nos cursos de medicina. Não estamos mais na época de Semmelweis, mas seu médico talvez o olhe com certo desagrado e um sorrisinho indulgente caso você evoque a medicina evolutiva. A medicina ainda não parou de progredir.

3

Sistema de reprodução e sistema político

É o fim da minha missão ao sul do Senegal e um taxista de Dakar está me levando ao aeroporto. Hassan fala pouco o francês, mas ainda assim é possível uma conversa. Eu lhe explico que para sua questão sobre o número de esposas na França só há duas respostas possíveis: uma ou zero. Com uma risada franca, mas meio zombeteira, ele responde: como os homens franceses, tão ricos, podem se contentar em casar com uma única mulher? Eu digo que nem ele, com todo o dinheiro do mundo, poderia se casar com mais de quatro mulheres, pois isso é proibido pela lei do Corão, que ele parece seguir. Observação impertinente, pois nesse período ele tem trabalhado sem descanso visando juntar dinheiro para conseguir desposar sua primeira mulher, sendo raras as pessoas de seu conhecimento suficientemente ricas para atingir o umbral editado por Maomé: as restrições econômicas, em seu caso, são mais fortes que os limites da lei.

De qualquer forma, permanece uma questão: por que as leis, laicas ou religiosas, interferem na reprodução? Não há muito, na França, era proibido divorciar-se, mesmo com acordo mútuo; e era mal visto, para um viúvo ou uma viúva, casar-se novamente. Por que a lei se intromete nas questões familiares chegando muitas vezes a favorecer, pela herança, os filhos homens em relação às mulheres, e o mais velho em relação ao caçula? Como compreender essa interferência entre as regras sociais e as decisões de um casal – e de modo mais geral, os assuntos familiares?

Os indivíduos estão em competição pela reprodução. Qualquer traço permitindo que alguém se reproduza mais que seu vizinho é favorecido, e se espalha pela população por seleção natural. No mundo animal, essa competição acaba gerando múltiplos conflitos, por exemplo os conflitos macho X macho pelo acesso às fêmeas, mas também machos X fêmeas quando o interesse reprodutivo de cada sexo não coincide. Se o macho, por sua força e insistência, impõe a cópula, a fêmea de seu lado possui numerosos recursos para colocar seu esperma em competição com o de outros machos: desviá-lo, rejeitá-lo, etc. Entre os mosquitos, após a copulação efêmera, o macho deixa como lembrança uma rolha vaginal, que um eventual pretendente seguinte não conseguirá ultrapassar, garantindo assim uma exclusividade genética. Alguns roedores desenvolveram pênis cujas formas são adaptadas para forçar as rolhas vaginais deixadas pelos machos precedentes. Na mosca-do-vinagre substâncias químicas contidas no esperma podem manipular a fêmea para diminuir sua libido e aumentar sua fecundidade, o que é uma vantagem apenas para o macho, pois provoca uma baixa de longevidade em sua parceira. Evidentemente, essa *guerra dos sexos* acontece em todos os níveis. Em certas espécies, os machos lutam pelo acesso às fêmeas, e desenvolvem morfologias, psicologias e armas temíveis para aumentar suas chances nos confrontos: por exemplo, o corpo musculoso e massivo do gorila macho, as galhadas dos cervos, etc. Os sistemas sociais, nos animais, também interferem na reprodução. Por exemplo, o grau hierárquico dos machos num grupo de babuínos permite predizer o acesso prioritário às fêmeas no cio. Assim, é possivel vislumbrar um quadro bastante geral sobre a interferência entre o sistema social e os conflitos em torno da reprodução.

Quanto ao homem, ele possui sem dúvida especificidades culturais que é preciso necessariamente considerar. Comecemos por um tipo de confronto violento entre os homens, tão velho quanto a humanidade, e onipresente. A guerra pode ser compreendida no contexto dos conflitos pela reprodução?

A origem das guerras

Segundo Montesquieu, a paz é a lei primeira da natureza. Rousseau, na mesma época, desenvolve o mito do Bom Selvagem. A busca de sociedades pacíficas sempre fracassou, e os progressos da etnografia e da antropologia estabeleceram claramente que as guerras se encontram presentes, em diversos graus, em todas as sociedades tradicionais conhecidas.

Participar de uma expedição guerreira é extremamente arriscado. Em geral, os atacados se defendem e há com frequência mortos dos dois lados. Por que arriscar a própria vida atacando os vizinhos? Qual motivação poderia ser suficientemente forte para desencadear a guerra? É claro que os jovens conscritos não têm muita escolha e os recrutas marcham para as trincheiras obedecendo a uma ordem superior: nas sociedades hierarquizadas, a guerra é decidida nas altas instâncias, o soldado simplesmente obedece. Temos aí uma forma de guerra bastante evoluída, que não necessariamente é a mais apropriada para se compreender a origem dos conflitos armados. Um exemplo tradicional de guerra foi estudado entre os Yanomami, uma etnia do sul da Venezuela. Existem conflitos frequentes entre as diferentes aldeias e incursões são regularmente realizadas para vingar, por exemplo, um assassinato precedente. O nível de violência é um dos mais altos conhecidos: 40% dos homens adultos participaram de um assassinato, e 75% das pessoas com pelo menos 40 anos perderam um próximo (pai, mãe, irmão, irmã ou filho) por morte violenta. Por qual razão um homem yanomami junta-se ao pequeno bando que parte em expedição assassina para uma aldeia vizinha? Há duas razões: o status social e as mulheres. "Embora poucas expedições sejam realizadas com o objetivo único de capturar mulheres, esse é sempre um benefício esperado", afirma um antropólogo que os conhece bem; as mulheres capturadas são estupradas por todos os participantes e depois, na volta à aldeia, por todos os homens que o desejem, e em seguida são atribuídas como esposas aos membros da aldeia. Mas a atribuição não é feita ao acaso, e o status social desempenha um papel. Uma categoria social particular é determinante, a de *unokai*, ou seja, de assassino. Alguém se torna *unokai* tendo matado outro homem e isso acarreta uma valorização social muito forte: os homens *unokai* têm mais mulheres, e portanto mais filhos, que os homens que nunca mataram, em todas as categorias de idade. Assim, como o status social é *in fine* convertido em mulheres, resta apenas uma causa última para as guerras entre os Yanomami: capturar mulheres e adquirir o status social para merecê-las. O que ocorre em outras culturas?

No século XIX, um antropólogo da Pré-História assinala que "os Caraíbas se abastecem de mulheres a partir das etnias vizinhas" e cita expedições realizadas com o objetivo de trazer mulheres, por exemplo em Bali e entre os aborígenes da Austrália. A História começa no fim do quarto milênio antes de nossa era na Mesopotâmia com a invenção da escrita, que tem alguns signos facilmente decifráveis: segundo Jean Bottéro, especialista em Oriente Médio antigo, o "triângulo pubiano colado na montanha era a-mulher-trazida-do-estrangeiro como espólio de guerra". A Bíblia é cheia de alusões a esse tipo de situação, prevendo até mesmo ritos próprios para que o casamento com cativas torne-se lícito com respeito às leis religiosas. Em toda a bacia mediterrânea os piratas sequestravam moças nas aldeias costeiras, que em seguida eram revendidas aos fornecedores dos haréns orientais. Na costa provençal, a última incursão desse tipo aconteceu há apenas dois séculos.

A guerra não é apanágio do homem, e nossos primos próximos também parecem fazer uso dela. Os chimpanzés fazem excursões com o único objetivo de matar membros isolados do grupo vizinho, sempre estando em grande número para evitar riscos; se houver oportunidade, eles podem "capturar" uma jovem fêmea, mas isso não foi observado muitas vezes. Esses ataques assassinos visam essencialmente enfraquecer demograficamente o bando vizinho (as perdas podem se elevar de 24% a 52% dos indivíduos), que finalmente as fêmeas acabam abandonando, indo juntar-se ao grupo mais sólido dos vencedores. Ainda aqui, o objetivo último das incursões assassinas é a captura de fêmeas. Evidentemente, a comparação tem limites, no mínimo pelo fato de que somos os únicos a termos inventado as armas, mas dada a proximidade evolutiva dessas duas espécies, talvez se trate de uma homologia: a guerra em cada uma das duas espécies teria evoluído a partir de um estado comum, presente no ancestral comum de há milhões de anos.

Parece que a mulher é considerada um espólio muito apreciado e disputado, chegando a explicar, sem dúvida, a origem das guerras da humanidade e a de nossos primos próximos, os chimpanzés. Até onde vai este monopólio das mulheres?

As mulheres: o futuro de alguns homens?

Quando Lévi-Strauss encontrou os Nambikwara no Mato Grosso brasileiro, deparou-se com uma sociedade materialmente muito simples. Embora as pessoas dormissem no chão, sem cabanas, tinham mesmo assim um chefe; e apenas ele tinha autorização de possuir várias mulheres: "Essas moças [...] escolhidas entre as mais bonitas e saudáveis do grupo, são para o chefe mais amantes do que esposas." Essa vantagem reprodutiva de ter algumas mulheres não é aqui imposta, mas é antes concedida coletivamente como compensação pelos deveres do chefe com relação ao grupo. Nas pequenas sociedades pouco hierarquizadas, a poligamia (acesso sexual a várias mulheres) é reduzida, e permanece sendo o privilégio de indivíduos capazes de manter várias mulheres e seus filhos. Por exemplo, entre os Bosquímanos da África Austral ou os Achés do Paraguai, os melhores caçadores têm acesso sexual a um número maior de mulheres. Em Camarões, hoje, os chefes de aldeia e os indivíduos mais ricos têm algumas mulheres, raramente mais que cinco.

O que nos ensinam os antropólogos e os viajantes que esquadrinharam a África no século XIX? O tamanho dos haréns dos chefes ou dos reis é muito variável dependendo das regiões. Haréns modestos para os Bemba (na atual Zâmbia), de dez a quinze mulheres a algumas dezenas, dependendo do lugar, e para os Suku (oeste do Congo e nordeste de Angola), cujo rei tem por volta de quarenta mulheres. Na região de Mekamba, no atual Camarões, um homem bem considerado tinha uma dezena de mulheres; os chefes Mvele, uma centena; um grande chefe de Yaoundé era conhecido por suas 200 mulheres, e o chefe Nkodo Embolo, no atual Camarões meridional, reinava em meio a 400 mulheres. Entre os Zande (no atual Sudão), os chefes tinham algumas dezenas de mulheres, até uma centena, e o rei possuía mais de quinhentas. Além das cativas de guerra, o harém do rei de Daomé (atual Benin), composto de mulheres de todas as origens, era estimado em vários milhares de mulheres. O rei dos Ashanti (na atual Gana) era conhecido por ter mais de 3000 mulheres.

O que acontece na África também ocorre em muitos outros lugares. Um rei khmer do século XIII tinha apenas cinco mulheres, mas em compensação possuia entre 3000 e 5000 concubinas. Um chefe asteca da cidade de Texcoco tinha um harém de 2000 mulheres, e Montezuma II, que recebeu a visita de Cortez em 1519 no México, reinava na época sobre 4000 mulheres. O rei dos Natchez (o "Grande Sol") do vale do Mississipi tinha construções que lhe permitiam contar com cerca de 4000 mulheres à sua disposição. Tanoa, o rei dos Fidji no fim do século XIX declarava possuir uma centena de mulheres. Voltemos ao Velho Mundo: no ano 333 a.C., o último rei da dinastia aquemênida, Dario III, é derrotado em Gaugamela: são encontradas 329 concubinas em seu harém. A Bíblia dá indicações sobre o tamanho dos haréns no antigo Oriente. Na antiga Israel, Roboão "teve dezoito mulheres e sessenta concubinas"; para o rei evocado no Cântico dos cânticos, "sessenta são as rainhas, e oitenta as amantes, e inumeráveis adolescentes"; quanto ao rei Salomão, pai de Roboão, ele teve a posse de "700 mulheres de posição principesca e 300 concubinas". O rei da Pérsia, Xerxes, procura uma rainha; seus cortesãos têm uma ideia: "Que o rei estabeleça comissários em todas as províncias de seu reino para recolher todas as moças virgens e belas ao olhar [...] no harém, sob a autoridade do [...] eunuco real guardião das mulheres". A bela Esther, que tem "um corpo esplêndido" ganha então a competição e o coração do rei, e torna-se rainha, após o que o rei faz realizar uma segunda colheita de moças". Por volta de mil anos mais tarde, no mesmo lugar, o imperador sassânida Khosrô II que reinou entre o VIº e o VIIº séculos, controla um harém de 3000 mulheres, e possui 12 000 escravas de sexo feminino. A lista poderia se estender à vontade por todas as épocas e lugares... e para encerrá-la aqui, eis o recorde que parece ser detido por um rei da Índia de há vinte e quatro séculos, Udayama, cujo serralho era conhecido por suas 16 000 mulheres.

Os haréns não são desconhecidos no mundo animal. O gorila das planícies do Oeste, quando se torna um adulto de "costas prateadas", busca formar para si um harém, que conta em média três ou quatro fêmeas. Um elefante marinho, se for suficientemente forte para afastar os outros machos, pode ter o monopólio sexual de algumas dezenas, ou mesmo algumas centenas de fêmeas. São abundantes os exemplos entre os mamíferos, mas talvez com exceção do elefante marinho, em parte alguma se encontram haréns comparáveis em tamanho àqueles de nossos governantes, reis e imperadores.

Reprodução diferencial

Qual era o funcionamento reprodutivo desses haréns? Tomemos como exemplo Moulay Ismaël, à frente de um vasto reino (atual Marrocos, Argélia e Mauritânia), no fim do século XVII e no início do XVIII. Suas 500 mulheres tinham todas menos de trinta anos. Aparentemente, Moulay Ismaël desfrutou sexualmente desse harém durante cerca de sessenta e dois anos, as mulheres sendo regularmente renovadas para serem sempre jovens e férteis. Quantos filhos ele teve? Acredita-se que tenha tido 888 descendentes, que com certeza é um número visando exaltá-lo, mas cálculos científicos mostram que essa ordem de grandeza é completamente plausível: escolhendo para cada copulação uma mulher ao acaso em seu harém, entre aquelas que não se encontram em período menstrual, ter-lhe-iam bastado 1,2 copulações por dia para alcançar tal número. As copulações de certos reis podem ter sido mais frequentes, mas outros fatores talvez tenham aumentado o número de descendentes de um proprietário de harém. Um imperador da China de há 2600 anos mantinha 10 000 mulheres em seu harém. Registrava-se o período menstrual de cada uma, e aquela que estivesse preparada para a copulação imperial encontrava-se necessariamente próxima da ovulação, na janela de fertilidade tal como era concebida pelos chineses da época, pouco diferente da indicada pela ciência moderna. O número de filhos que um único homem poderia gerar em tais condições ultrapassa facilmente um milhar.

Evidentemente, tal concentração de mulheres para a exclusividade de uma única pessoa só pode ocorrer em detrimento de outros homens. Em geral, é o poder político que determina o acesso às mulheres, o que é particularmente bem documentado nos Incas. Estima-se que o harém real fosse composto de mais de 1500 mulheres, e um nobre deveria se limitar a 700. Os personagens principais da vida política têm uma cota de cinquenta mulheres, e os chefes das nações vassalas somente trinta. Um chefe de província de 100 000 habitantes pode contar com vinte mulheres, um chefe de região de 1000 habitantes pode pretender a quinze mulheres, um administrador local, controlando por volta de 500 habitantes, é dotado de doze mulheres, depois este número cai para oito, sete, cinco e três mulheres dependendo da importância decrescente da função política do posto ocupado. Não deveria sobrar muita coisa para o camponês na base, e aqueles que não fossem solteiros deveriam se considerar sortudos.

Os romanos ricos tinham muitos escravos, entre os quais mulheres em grande número; elas serviam essencialmente para a reprodução exclusiva dos genes do senhor. De um imperador a outro (Tibério, Trajano, Cômodo, Caracala, Maximino, etc.), haréns com centenas de mulheres eram moeda corrente. O filho de um escravo continua sendo um escravo, mesmo que seu pai seja um homem livre. Pela vontade de seu senhor, um escravo pode ser libertado, e se ele tiver descendentes, estes serão homens livres, que poderão fazer fortuna e transmitir seus bens, possuir escravos, etc. Havia numerosos libertos na época romana, o que poderia indicar certa grandeza de alma dos romanos ricos. De fato, é um interesse genético que explica essas libertações em massa, pois a maioria dos escravos, assim saídos de sua condição, são descendentes diretos do senhor, que muitas vezes os ajuda financeira e socialmente para que comecem uma vida nova.

Na realidade, desde a origem dos grandes Estados hierarquizados, a busca pelo poder não é nitidamente dissociável da procura pelo poder reprodutivo. A posição social poderia ser diretamente medida pelo número de mulheres de um harém, ou de modo mais geral, pelo número de mulheres sexualmente à disposição. Evidentemente, há variações no *uso* feito dessas mulheres; por exemplo, Luiz XVI tinha notórios problemas sexuais, e Maria Antonieta, já feliz por ter conseguido conceber o futuro Luiz XVII, não se preocupava com a concorrência de cortesãs ou favoritas. Em contrapartida, Luiz XV, seu avô, é mais representativo: intensamente interessado por mulheres, ele poderia ser descrito como vivendo um cio permanente: "O rebanho fêmea da corte tinha ganas de se submeter, e as pernas abriam-se generosamente às seduções dos avanços reais". Na mesma época, no século das Luzes, em todos os escalões do poder, cada um toma sua retribuição: Monsenhor Dillon, "grande devorador de virgindades", Richelieu, cujas "amantes se contam por centenas", Choiseul, secretário de Estado, o que lhe proporciona "inúmeras ligações", etc. Um pouco antes, o duque de Orléans, durante a Regência, é conhecido por seu ritmo cotidiano: trabalho pela manhã, e orgia à tarde, com "esses famosos banquetes, onde prazeres de todo tipo [...] sucediam-se incessantemente". Evoquemos os gineceus dos régulos da Idade Média, não tão diferentes dos haréns, os amores ancilares de todas as épocas, etc. O acesso às mulheres, no Antigo Regime, mesmo sendo às vezes modulado pela aparência pessoal, permanece fundamentalmente ligado à posição social.

Um acesso sexual livre e exclusivo a numerosas mulheres é evidentemente um inesgotável reservatório para todas as fantasias eróticas e sexuais, mas o harém é *in fine* um meio extremamente funcional de reprodução de genes de seu proprietário, em detrimento dos outros homens da sociedade. Ele é a expressão de uma riqueza considerável, que seria pena não transmitir a seus descendentes.

Poliginia, monogamia e primogenitura

Você é rico e poderoso, e portanto pode monopolizar mais mulheres, em média, que seus contemporâneos. Essa poliginia irá lhe permitir reproduzir seus genes em proporções bem maiores do que se você tivesse uma única mulher... Uma única mulher por homem é a média para todas as populações humanas, devido ao número igual de homens e mulheres no nascimento. Transmitir aquilo que você tem a todos os seus descendentes é uma aposta arriscada, se eles forem numerosos: dividindo assim suas riquezas, por mais consideráveis que sejam, o poder ligado a elas irá enfraquecer, e cada um de seus filhos terá dificuldade de se impor na competição social, frente a famílias que tiverem sabido concentrar riquezas e poder. É mais sensato reservar seu patrimônio para um pequeno número de descendentes, que poderá aproveitar dele, como você, para reproduzir seus genes em proporções mais elevadas que os outros homens da população. Mas essa desigualdade frente à herança invariavelmente introduz competições violentas entre os filhos (ver o capítulo sobre ecologia familiar), sobretudo quando estes são adultos e têm pressa. Então, é astucioso estabelecer regras sociais para designar o mais cedo possível o ou os herdeiros: uma dessas regras é realizada pelo casamento. Casando-se com uma ou várias mulheres, um homem já designa seus herdeiros, antes mesmo que nasçam. Se quisermos diminuir intensamente o número potencial de herdeiros, basta adotar a monogamia, ou seja, o casamento com uma única mulher. Mas essa redução drástica do número possível de herdeiros ainda é insuficiente, pois ela também pode levar a grandes divisões das riquezas. É normal excluir as filhas mulheres, por uma razão reprodutiva fundamental: o número de filhos que uma mulher pode ter é biologicamente limitado, e mesmo considerando-se melhores condições materiais ou um maior número de parceiros sexuais, ele não pode aumentar muito. O número de filhos que um homem pode gerar também é limitado, nem que seja pela duração de sua vida reprodutiva, mas os limites são muito menores. O número de filhos pode aumentar consideravelmente, sobretudo conforme o número de suas parceiras sexuais. Esse número vai depender de suas riquezas e de seu poder social. Portanto, para a transmissão dos genes é vantajoso reservar a transmissão de seus bens a seus filhos: é essa a razão do sistema patrilinear. De fato, para não precisar dividir o patrimônio, é mais realista escolher um único herdeiro, e é prudente designá-lo formalmente de antemão: é o filho mais velho, no sistema de *primogenitura*. É por isso que encontramos, nas primeiras grandes civilizações da humanidade, dos babilônios aos incas, e na maioria dos grandes Estados que vieram depois, um sistema de reprodução poligínico (sexualmente) e monogâmico (socialmente), associado a um modo de transmissão de riquezas por primogenitura. Poliginia, monogamia e primogenitura têm fortes vínculos funcionais no contexto da competição pela transmissão dos genes.

Esses romanos são loucos?

Os romanos, polígínicos e monogâmicos, não possuíam regras sociais que promovessem a transmissão do patrimônio a um único filho. Mas, de qualquer forma, eles praticavam uma forma de primogenitura, pois só casavam um único filho, e um filho solteiro não poderia ser um herdeiro. Essa situação foi explorada por Augusto, o primeiro imperador romano, que legislou para favorecer os casamentos e a procriação. Essas leis desfavoreciam os solteiros em praticamente todos os âmbitos da vida social. Elas foram interpretadas como um desinteresse dos romanos em relação ao sexo e aos filhos, mas também foi sugerido, com astúcia, que era do interesse político do imperador enfraquecer as grandes famílias da aristocracia, para melhor assentar o poder imperial. Obrigando os caçulas solteiros a se casarem, e portanto a também se tornarem herdeiros, e a terem eles próprios filhos originados do casamento, e então também herdeiros, os patrimônios eram divididos, e as grandes famílias se enfraqueciam. Pois é em geral entre as grandes famílias próximas do poder, tanto em Roma quanto em outros lugares, que se encontram aqueles que irão derrubar o poder instalado. Incidentalmente, a aristocracia romana reagiu muito mal às leis de Augusto. Essas leis foram mantidas durante os três séculos seguintes, período durante o qual as grandes propriedades foram completamente fragmentadas devido à divisão regular dos patrimônios. A modificação das regras de transmissão da herança é assim explicada no contexto de um conflito entre o imperador e a aristocracia.

As coisas mudaram quando o imperador Constantino converteu-se ao cristianismo (no ano 312 de nossa era) e aboliu as leis de Augusto: a limitação do número de herdeiros por primogenitura tornou-se legal nesse momento. Pouco a pouco, os legisladores cristãos promulgaram leis para reduzir ainda mais as possibilidades de se obter herdeiros, abolindo, pelas leis canônicas, a adoção, o divórcio e a possibilidade de um segundo casamento. Assim, em caso de esterilidade ou de morte precoce da mulher, ou de uma descendência composta somente de filhas mulheres, o patrimônio caberia totalmente à Igreja. A Igreja interferia diretamente na fecundidade dos casais, impondo períodos semanais e anuais de abstinência; mesmo que nem todos tenham sido respeitados, eles de qualquer forma contribuíram para diminuir o número de filhos legítimos, pois em um único ano sobravam noventa e três dias autorizados para as atividades carnais. Por que essas regras? Sua conseqüência foi um considerável enriquecimento da Igreja devido à ausência de herdeiros em numerosas famílias. Essas regras foram promulgadas numa época em que os padres eram, na sua maioria casados, e podiam ter relações sexuais legítimas ou ilegítimas. Não esqueçamos que os padres eram quase sempre caçulas, destinados à vida eclesiástica pelas famílias ricas para deixar ao mais velho o desfrute do patrimônio. Assim, o caçula encontrava na Igreja um meio de fundar uma família e de se reproduzir, apoiando-se em bens materiais e em fortunas que as regras canônicas contribuíram para desviar da herança dos filhos mais velhos. Dessa maneira, é possível considerar a promulgação dessas regras morais no contexto de um conflito pelo patrimônio entre o mais velho e o caçula, o primeiro sendo o herdeiro familiar, e o segundo um membro da Igreja, que seria a herdeira última. Esse conflito pelo patrimônio traduz na realidade um conflito pela reprodução, que *in fine* pode ser interpretado em termos de interesses genéticos.

Portanto, as regras de transmissão dos bens de uma geração a outra e o regime de reprodução possuem vínculos funcionais; ajustes ou manipulações podem acontecer de acordo com o que estiver em jogo ou com os poderes. A poliginia, privilégio dos imperadores, reis, aristocratas e ricos, está ligada com a monogamia social e com a primogenitura. Aliás, a primogenitura suscita inquietações a respeito da exclusividade sexual, com outras consequências.

Despotismo

São inúmeros os esforços para garantir exclusividade sexual ao proprietário do harém. Com frequência as mulheres são encerradas nele antes da puberdade. Provavelmente os eunucos vigiavam os grandes haréns desde seu aparecimento, como indica a antiguidade da palavra *eunuco*, cuja etimologia é sânscrita. A própria construção mostra muitas vezes um extremo desejo de defesa: entradas estreitas, muros espessos, paliçadas, muralhas, parapeitos, fossos, etc. Talvez mais dissuasivos fossem os castigos reservados àqueles que tentam ou conseguem comprometer a exclusividade sexual, e portanto a paternidade, de quem reina sobre o harém: as mais atrozes torturas, mutilações diversas, castração e, em geral, execução. Frequentemente, o castigo vai além do próprio culpado: entre os incas, por exemplo, também é morta sua mulher e filhos, depois toda sua família, seus amigos, a totalidade dos habitantes da aldeia e finalmente a própria aldeia é destruída por completo.

A desproporção da sentença é frequente em um regime despótico, onde o menor desprazer do lado do poderoso provoca mutilação ou morte daquele que é considerado responsável por isso. Qualquer mulher pode se tornar propriedade imediata do déspota, por sua simples vontade, independentemente de sua situação, e mesmo que já seja casada: essa é uma regra frequente, encontrada tanto entre os imperadores romanos quanto no reinado de Daomé. Na França, a fórmula se atenua nos últimos séculos, mas o resultado é o mesmo: Luiz XIV afasta da corte o marido de Mme. de Montespan, que logo se torna a favorita titular; após ter entrevisto Mme. de Fourès e antes de transformá-la em sua amante, Napoleão envia seu marido para uma longa missão. Enfim, a justiça é desigual e depende em primeiro lugar da posição social. No Império Romano, para um mesmo crime, uma pessoa de baixa posição será executada segundo diferentes receitas: imediatamente sendo lançada aos leões, crucificada, queimada viva, ou em curto prazo sendo designada como gladiador, mineiro, etc.;

um senador será simplesmente expulso do Senado, um alto personagem será no máximo exilado. Se você roubou um instrumento ou uma arma e for um Tlingit do Alasca, a sentença para tal infração depende de sua posição social. Se o objeto roubado pertencer a alguém do mesmo clã, você terá simplesmente que restituir aquilo que pegou; se você for de um clã diferente e de uma posição inferior, correrá o risco de ser morto, mas se pertencer a uma posição superior, pode haver um acordo, e você deverá simplesmente fornecer uma compensação material; finalmente, se sua posição for muito elevada, evidentemente o roubo não pode ter ocorrido por sua plena vontade, o que indica necessariamente um encantamento pernicioso: o xamã irá facilmente encontrar o culpado, que será então executado em seu lugar. Exemplos similares são abundantes em todas as sociedades despóticas.

Em todas as sociedades pré-industriais conhecidas, os homens poderosos monopolizaram as mulheres, na medida de seus recursos. No nascimento, há mais ou menos o mesmo número de meninas e meninos, o que em média dá uma mulher para cada homem; cada mulher adicional monopolizada cria na realidade um solteiro suplementar: a poliginia provoca assim uma desigualdade reprodutiva entre os homens. Mas esse acúmulo de mulheres acontece juntamente com o acúmulo de bens materiais (indispensáveis para vigiá-las, mantê-las, renová-las, etc.), em geral derivado do assujeitamento compulsório das camadas inferiores da sociedade. A manutenção de tal situação é evidentemente incompatível com um sistema em que a voz de cada um tenha o mesmo peso. Então, a poliginia acontece *necessariamente* em conjunto com o despotismo. Inversamente, em um regime igualitário a poliginia não pode se manter, e é lógico que predomine a monogamia. Portanto, o regime de reprodução é intimamente ligado ao sistema político.

E agora?

Na França, a Revolução pôs fim aos privilégios da nobreza, ao despotismo real e à sociedade de ordens; todos os cidadãos foram declarados iguais perante a lei; a primogenitura foi suprimida. Após este súbito avanço do fim do século XVIII, a redução das desigualdades reprodutivas continuou a progredir globalmente, mas num ritmo mais lento. Onde estamos atualmente?

Homens: posição social e reprodução

Muitas anedotas sobre o número muito elevado de parceiras de tal campeão esportivo, ator célebre, chefe de Estado, estrela musical, etc., sugerem atualmente uma relação entre o acesso às parceiras sexuais e uma medida moderna do status social passando pelo valor econômico, social e midiático. Quando consideramos pessoas não midiáticas, encontramos uma relação entre a posição sócio-econômica e o acesso sexual às mulheres: como antigamente, quanto mais elevado o status, maior é o número de parceiras, sem entretanto, se atingir as proporções de outrora. A literatura não permite estabelecer uma relação clara entre a posição sócio-econômica e o número de filhos, embora estudos recentes indiquem um maior número de filhos para homens de posição sócio-econômica mais elevada. Mas o número de filhos não é, evidentemente, a melhor medida darwiniana, pois a transmissão dos bens e, em certa medida, de status, induz efeitos sobre várias gerações; seria então necessário considerar, para cada homem, o número de seus netos e de seus descendentes por várias gerações.

Índice interessante: o número de filhos ilegítimos. As mulheres têm múltiplos meios de controlar secretamente (muitas vezes inconscientemente) sua reprodução, inclusive pela escolha do genitor de seu filho. Aparentemente, a taxa de filhos ilegítimos varia de acordo com a posição sócio-econômica do marido; muito fraca para um pai de status social elevado, forte se o status é mais baixo. Mas muito poucos estudos imaginaram levar em conta o status sócio-econômico em suas pesquisas sobre falsas paternidades. Portanto, esse resultado deve ser confirmado, embora ele não seja muito surpreendente, se considerarmos numerosos resultados similares entre os animais. De qualquer forma, a persistência de uma reprodução diferencial masculina segundo a posição sócio-econômica não deve, de maneira alguma, ser afastada em nossas sociedades, mesmo que seja evidentemente mais reduzida do que antes. Em contrapartida, a posição da mulher parece ter mudado radicalmente.

Mulheres: em direção à emancipação

Embora o projeto da Declaração dos direitos das mulheres e do cidadão não tenha sido adotado em 1791, a emancipação da mulher não deixou de avançar, principalmente durante o século XX. De um ponto de vista político, as mulheres francesas conseguiram colocar o voto na urna a partir de 1945 (após cerca de trinta e cinco outros países, o primeiro tendo sido a Nova Zelândia em 1893, depois a Austrália em 1902, etc.).

Na França, um passo para sua independência econômica foi dado em 1945, com a supressão do "salário feminino"; "para trabalho igual, salário igual", continuarão lembrando as sucessivas leis (a última data de 2005). Apenas em 1965 elas poderão ter um emprego e abrir uma conta no banco sem a autorização do marido.

Com relação à independência dentro do casal e da família, um primeiro passo foi dado em 1938: a supressão do dever legal de obediência ao marido. Mas este continua sendo o *chefe da família*, o que lhe permite decidir sozinho todos os problemas importantes, até 1970. Cinco anos mais tarde, a lei também suprime a possibilidade deixada ao marido de controlar a correspondência de sua esposa. No mesmo ano, o divórcio por consentimento mútuo torna-se possível. Em 1990, o estupro entre esposos é reconhecido como um delito, e a partir de 1992 são severamente condenadas as violências conjugais ou entre concubinos.

Com relação ao controle da reprodução, foi necessário esperar a segunda metade do século XX: ainda em 1943, uma abortadora foi guilhotinada (pela última vez). A partir de 1955 é autorizada a interrupção médica da gravidez, mas foi preciso esperar 1975 para que a interrupção voluntária torne-se legal. A legalização da contracepção data de 1967, e o reembolso da pílula de 1974. Em 2000 a pílula do dia seguinte começa a ser vendida livremente nas farmácias. A noção de casamento como acontecimento social designando os herdeiros é suprimida em 1972, com a igualdade de direitos entre os filhos legítimos e aqueles nascidos fora do casamento.

A predominância masculina parece recuar, enquanto prossegue a emancipação social, sexual e reprodutiva da mulher. Seria isso uma novidade em nossa história evolutiva?

Sexo e política

Escuto com frequência: "No tempo das sociedades matriarcais, as coisas eram muito diferentes. As mulheres tinham o poder, como é que chegamos a esta situação de predominância masculina?". Os dicionários atuais indicam que o matriarcado é um "sistema social, político e jurídico onde supostamente as mulheres exercem uma autoridade predominante na família, e no qual elas exercem funções políticas". E por mais que procuremos, os dicionários sempre evitam dar exemplos. Tudo que se pode encontrar é uma definição, terminando por uma espécie de confissão: "é preciso dizer que o matriarcado puro só existiu muito raramente". De fato, o matriarcado é um mito, inventado por um antropólogo do fim do século XIX, com um embasamento ideológico: a palavra não é mais utilizada pelos etnólogos atuais, pois ela designa algo que nunca foi observado em nossa espécie. Curiosamente, essa palavra prossegue sua honrosa carreira mítica nos dicionários, mas isso já é outra história... Assim, parece que a mulher nunca tenha dominado o homem no contexto de um sistema social estabelecido.

No entanto, a predominância masculina não é inelutável, como mostra claramente o início da emancipação feminina no decorrer do século XX. Mas a mulher ocidental tem ainda muito a invejar de uma espécie próxima do chimpanzé, o bonobo. Nessa espécie, as fêmeas são todas hierarquicamente superiores aos machos, o que conduz a uma sociedade mais pacífica do que a observada no chimpanzé, pois as atividades sexuais grupais apaziguam os conflitos. A superioridade das fêmeas deve-se às alianças muito fortes que elas mantêm através de atividades homossexuais. Quando se compara o chimpanzé e o bonobo, é surpreendente a relação entre o sistema político e o sistema de reprodução. O macho chimpanzé faz alianças complexas para chegar à posição dominante (dita posição α) e vigia o macho em segunda posição (posição β) que poderia derrubá-lo aliando-se com outro macho. O macho monopoliza a reprodução da maioria das fêmeas, mas de qualquer forma, o macho β consegue reservar algumas para si. Não sabemos qual era o sistema político-sexual do ancestral do bonobo e do chimpanzé, e ainda menos do ancestral comum com a linhagem humana. Os detalhes evolutivos da passagem de uma dominação masculina a uma superioridade feminina são ainda mal conhecidos, mas essa mudança aconteceu necessariamente ao menos uma vez. Portanto, é interessante observar a transição atual. Seria possível imaginar a menos uma igualdade perfeita entre os homens quanto ao acesso às mulheres, e entre homens e mulheres quanto ao acesso aos parceiros sexuais?

A igualdade perfeita parece se chocar contra alguns obstáculos. As diferenças biológicas entre indivíduos são em primeiro lugar provenientes da diversidade genética nas populações; esta inclui genes deletérios e arranjos bem-sucedidos, mas existem também as diferenças adquiridas, introduzidas pela posição no nascimento (ver capítulo 5), a alimentação (ver capítulo 1), as vicissitudes da vida e a multiplicidade de experiências individuais que vão mais ou menos nos modelando. Essas diferenças, biológicas ou adquiridas, podem por vezes gerar para os dois sexos desigualdades no âmbito da reprodução. Tal fato é evidente quando consideramos situações extremas, como uma grave deficiência física ou cognitiva. Mas isso também vale para variações mais comuns, que não deveriam ser todas consideradas sem influência na vida reprodutiva. Por exemplo, os homens altos têm em média um maior sucesso reprodutivo. Também é ilusório querer afirmar uma igualdade estrita: é possível decretar-se uma igualdade em direito no nascimento, podemos socialmente contribuir para que diminuam as desigualdades em matéria de educação, de alimentação, etc., mas certas desigualdades parecem irredutíveis. Por exemplo, não se pode instaurar uma igualdade de posição de nascimento, a não ser que todos os filhos fossem únicos, o que não constitui uma situação demograficamente estável; da mesma forma, uma igualdade genética é irrealizável, exceto num insípido mundo de clones.

E quanto à desigualdade de aplicação das leis segundo o status dos indivíduos? Foi sob a monarquia absoluta de Luiz XIV que La Fontaine escreveu: "Conforme você for poderoso ou miserável, os julgamentos da corte irão torná-lo branco ou negro". Esses dois versos, sempre populares, ainda refletem certa realidade, que não é desmentida pela atualidade judiciária referente aos homens no poder.

Quando um homem se encontra sozinho ao votar por uma decisão que diz respeito a todo mundo, ele em geral o faz em seu interesse próprio, e então monopoliza diretamente todos os recursos reprodutivos e os meios materiais indiretos para obtê-los. Essa monopolização é necessariamente violenta, pois ela se realiza em detrimento dos outros indivíduos. Portanto, existe um vínculo profundo, confirmado pela história e pela antropologia, entre a colocação de uma única cédula de votação na urna e o monopólio de uma única mulher para a reprodução. As regras sociais e as leis mudaram desde o Antigo Regime, e atualmente nossa sociedade é bem menos despótica e poligínica que antes, portanto mais democrática. Com certeza ela poderia sê-lo muito mais.

4

Mulher-homem, quais diferenças?

"Se prefiro as mulheres aos homens, é porque elas têm em relação a eles a vantagem de serem mais desequilibradas, portanto mais complicadas, mais perspicazes e mais cínicas, sem contar essa superioridade misteriosa conferida por uma escravidão milenar": reflexão muito pessoal de um filósofo (Cioran) sobre as diferenças entre os sexos. Em toda a literatura, encontramos variações sobre os traços de personalidade caracterizando – portanto separando – o homem e a mulher. Mas nem todo mundo está de acordo: "De fato, os homens e as mulheres têm as mesmas capacidades, tanto físicas quanto intelectuais", afirma uma antropóloga de renome. Assim, ela explica, se os meninos lançam pedras melhor que as meninas, isso é resultante de um condicionamento cultural; de acordo com o sexo, a criança é estimulada ou desestimulada a lançar pedras bem, de onde provêm necessariamente diferenças de desempenho entre meninas e meninos, reforçando assim a crença social nessa diferença. Se as meninas preferem bonecas e os meninos caminhões, é porque cada brinquedo é apresentado a quem deve preferi-lo: dessa forma, é construída uma preferência cultural. Como explicar de outra maneira o entusiasmo das menininhas pelo cor-de-rosa? Assim, a cultura e a norma social seriam absolutamente poderosas para nos modelar por completo! Mas será que tudo isso é verdade?

Esse discurso sobre a construção do gênero, hoje moeda corrente, tornou-se mesmo um lugar comum: em si, não se trata de uma justificação, mas isso acabou se transformando em um freio para uma avaliação serena dos eventuais limites de tal construção. É claro que seria espantoso se a cultura, a educação ou outros fatores sociais não tivessem efetivamente nenhuma influência sobre a diferença de gênero. Mas não seria menos espantoso se não houvesse qualquer marca biológica, tratando-se de um aspecto tão fundamental quanto a diferença macho-fêmea, que existe há centenas de milhões de anos no mundo animal?

Diferenças macho-fêmea no mundo vivo

Como saber se o animal que está à nossa frente é um macho ou uma fêmea? Se for um cachorro, basta inspecionar visualmente entre as pernas. Esse tipo de verificação é geralmente suficiente para a maioria dos mamíferos, mas não para todos, pois existe ao menos uma espécie (a hiena manchada) em que a fêmea possui um clitóris que se assemelha a um pênis, difícil de ser diferenciado daquele do macho: o exame das partes genitais não pode portanto ser um critério suficiente para definir o sexo dos mamíferos. Ainda mais porque em numerosas espécies animais, a maioria dos pássaros e dos peixes, por exemplo, não existe pênis para diferenciar o macho. Aliás, as fêmeas não detêm o monopólio do choco; entre certos pássaros observamos uma inversão de papéis: a fêmea continua botando os ovos, mas a seguir é o macho que se ocupa deles, exclusivamente. Há algo ainda mais estranho: não é necessariamente a fêmea que dá nascimento aos descendentes: assim, os pequenos hipocampos desenvolvem-se no ventre de seu pai, e é ele que dá à luz. Mas então, como reconhecer um macho ou uma fêmea?

A definição do sexo encontra-se estreitamente ligada à reprodução. Para ter um descendente, é preciso haver a contribuição de dois indivíduos, cada um trazendo uma célula chamada *gameta*, contendo a metade do material genético; uma vez fusionados os gametas, um novo indivíduo é criado, que deverá então se desenvolver por divisão celular. No mundo animal, os gametas fornecidos por cada genitor são geralmente de tamanho desigual: por definição, os indivíduos que produzem pequenos gametas são machos, e aqueles que produzem os grandes são fêmeas. Essa contribuição desigual para a reprodução está na base da definição dos sexos. A modesta contribuição do espermatozóide (o pequeno gameta) é o único ponto comum entre todos os machos: no Homem, o espermatozóide é cerca de 20 000 vezes menos volumoso que o óvulo (o grande gameta). Por que esta situação?

Seleção sexual

Essa diferença foi estabelecida por seleção natural, a partir de uma situação onde os gametas eram de mesmo tamanho: um leve aumento do tamanho de um gameta favorece a sobrevivência do descendente, e a mutação responsável por esse aumento se espalha na população, mesmo que o número de gametas grandes assim produzido seja mais fraco. Paralelamente, outra mutação acontece, diminuindo o tamanho do gameta complementar e através disso diminuindo as chances de sobrevivência do descendente, ao mesmo tempo em que permite aumentar o número de gametas, e portanto o número potencial de indivíduos: aqueles que produzem poucos gametas grandes e aqueles que os produzem muito pequenos, em abundância. Portanto, machos e fêmeas correspondem a duas estratégias evolutivas diferentes, necessariamente complementares, que apareceram há várias centenas de milhões de anos. Evidentemente, as estratégias dos machos e fêmeas não se restringem aos gametas. Aliás, a partir daí desenvolveram-se morfologias e comportamentos diferentes. As diferenças entre os sexos são o produto de seleções específicas de cada sexo (chamadas por Darwin de *seleção sexual*), muito variáveis de um grupo a outro. Em certas espécies, os machos lutam pelo acesso às fêmeas; o esporão do galo, as galhadas do cervo são ambas armas representando adaptações peculiares dos machos. Em outras espécies, a fêmea exerce uma escolha entre os machos; estes se adornam então com atributos que são capazes, na espécie considerada, de seduzir a fêmea: por exemplo, o comprimento das plumas da cauda da andorinha, o famoso enfeite da cauda do pavão, o coaxar das rãs, a melodia do rouxinol, e no caso de peixes, a nadadeira caudal alongada do espada, etc. Entre os animais, a *competição entre machos* e *a escolha das fêmeas* são dois mecanismos de seleção que explicam a diferença entre os sexos.

Nos mamíferos, a fêmea não se contenta em produzir um grande óvulo: uma vez que este tenha sido fecundado pelo espermatozóide, ela o incuba e nutre por meio da placenta. Depois, quando o recém-nascido sai para o ar livre, ela o amamenta. Evidentemente, o macho não pode participar ativamente da gestação, a não ser, em certas espécies, ajudando a fêmea a se alimentar. Mas ele poderia pelo menos contribuir na amamentação, não é?

São as mamas femininas?

Em certa espécie de morcegos, a fêmea fica realmente liberada, pois pode confiar seus recém-nascidos ao pai enquanto vai passear; é ele que irá cuidar de amamentá-los com suas mamas bem funcionais. Curiosamente, observamos poucos machos desse tipo entre os mamíferos: existe uma constrição ou uma ausência de seleção? Em outros termos, é uma mama não funcional que explica o fato do macho não amamentar, ou isso exigiria um investimento para a produção de leite e um tempo de amamentação que não são rentáveis em termos darwinianos? Notemos que os cuidados paternos são raros entre os mamíferos: eles foram observados apenas em 5% das espécies, o que poderia explicar, em parte, a raridade de mamas funcionais nos machos.

O que acontece com a espécie humana, que faz parte dessa minoria de mamíferos cujos machos oferecem cuidados paternos? Os anatomistas dizem que além das tetas, as glândulas mamárias também estão presentes. Aparentemente, basta um empurrãozinho, hormonal ou mecânico, para provocar a produção de leite na criança ou no adulto macho. Em certas condições, a produção de leite se realiza mesmo espontaneamente: homens sobreviventes dos campos de concentração, uma vez que fossem melhor alimentados, produziam frequentemente leite durante um certo tempo; os recém-nascidos – meninas ou meninos – produzem por vezes "leite de feiticeira" e até mesmo casos (raros) de amamentação paterna são documentados. Portanto, a ausência de amamentação paterna não pode ser razoavelmente imputada a uma deficiência fisiológica das mamas masculinas. Aliás, em escala evolutiva, tal deficiência é temporária, pois o que a seleção natural criou pode evidentemente ser mantido por ela, e ser recriado caso necessário. Chegamos assim à conclusão de que não existe, no homem como na maioria dos mamíferos machos, seleção que permita aumentar o investimento paterno por meio da lactação.

Os animais-modelo

Vocês certamente já o pisotearam. O pequeno nematódeo de nome bárbaro, *Caenorhabditis elegans* vive sob a terra, numa discrição proporcional a seu tamanho: cerca de um milímetro. Apesar disso, ele é sem dúvida o animal cuja constituição biológica é a melhor conhecida. Ele compreende duas categorias de indivíduos, os machos e os hermafroditas. Os hermafroditas, produtores de óvulos e de espermatozóides, podem fecundar a si próprios, ou então receber o esperma dos machos. Com exceção dessa diferença na estratégia de reprodução, machos e hermafroditas são biologicamente idênticos? A resposta é inapelável: um hermafrodita é constituído exatamente de 959 células, e um macho, embora levemente menor, possui 1031 delas. O sistema nervoso difere: o hermafrodita possui 302 neurônios (dos quais oito não têm analogia no macho), contra 383 do macho (dos quais oitenta e nove ausentes no hermafrodita). De modo geral, 30% a 40% das células mostram uma especialização sexual. Essas anatomias desiguais são acompanhadas, além disso, por um funcionamento genético distinto; entre machos e hermafroditas, 2171 genes se expressam de forma diferente (ou seja, cerca de 12% do genoma).

Basta esquecer algumas frutas na fruteira para rapidamente travarmos conhecimento com a mosca-do-vinagre, batizada pela ciência de *Drosophila melanogaster*. As fêmeas que voam permanecem relativamente modestas, com seus 2,5 milímetros de comprimento. Os machos são um pouco menores, com algumas diferenças morfológicas (pelos, coloração), mas nada de muito evidente num primeiro encontro. Na realidade, o aspecto exterior é bastante enganoso: dentre os 14 482 genes conhecidos nessa espécie, cerca de 35% tem expressões diferentes dependendo do sexo.

Evidentemente, vocês conhecem o camundongo doméstico, pequeno animal suficientemente poderoso para forçar certas pessoas a escalarem um banquinho. Morfologicamente, nenhum sinal exterior indica o sexo, a não ser um tamanho ligeiramente maior do macho, aliás já detectável no estágio embrionário. No entanto, milhares de genes têm uma expressão diferente entre machos e fêmeas; no cérebro, por volta de 650 genes expressam-se diferentemente, ou seja, cerca de 14% de todos os genes expressos nesse órgão. Metade desses genes expressa-se preferencialmente de modo mais marcante no cérebro feminino, a outra metade estando no cérebro masculino. De forma mais geral, para todos os grandes grupos de vertebrados, (peixes, pássaros, répteis, anfíbios, mamíferos, etc.) diferenças foram encontradas entre os cérebros dos machos e das fêmeas.

Não importa se estivermos considerando um verme, um inseto ou um mamífero, a conclusão é a mesma: machos e fêmeas correspondem a indivíduos biologicamente dessemelhantes. Seu genoma é globalmente o mesmo, mas seu funcionamento parece ser específico para cada sexo. Vejamos agora as diferenças entre sexos nas espécies próximas de nossa linhagem.

Nossos primos os macacos

Não é fácil para o gorila-fêmea negociar diretamente com o macho dominante do bando, pois ele tem um argumento de peso: não só é maior, mas principalmente duas vezes e meia mais pesado. Essa diferença de corpulência, que aparece essencialmente no momento da adolescência, é de ordem genética. Ela se mantém quando o gorila é criado num zoológico. São os combates, um assunto de machos, que explicam evolutivamente esta diferença. Os adultos machos frequentemente se encontram, comparam-se uns aos outros, provocam-se e às vezes lutam. Nesse contexto de combates entre machos, os indivíduos maiores possuem uma vantagem física, atraindo assim mais fêmeas para seu harém. Eles também podem conservá-las por mais tempo: os fatores genéticos responsáveis por um tamanho maior são melhor transmitidos, e ao cabo de certo número de gerações, o tamanho médio dos machos aumenta por seleção sexual. Encontramos machos mais pesados e maiores que as fêmeas nos primatas mais próximos de nós, o chimpanzé e o bonobo.

Em certos macacos do Novo Mundo, diferenças entre sexos não saltam aos olhos. Fêmeas e machos não percebem o mundo de modo igual: os machos possuem apenas dois pigmentos para perceber as cores, ao passo que a maioria das fêmeas possuem três. Quando uma fruta amadurece e se torna comestível (para as espécies que normalmente as consomem), ela muitas vezes muda de cor. Assim, um sagui-fêmea consegue distinguir os frutos de cor laranja num ambiente verde, mas o macho não irá percebê-los: falta-lhe o pigmento que lhe permitiria perceber melhor essa cor. Com apenas dois pigmentos para perceber as cores, os machos em contrapartida contam com uma vantagem para detectar presas camufladas. Essa diferença genética entre os sexos está ligada a capacidades e, é claro, a comportamentos e desempenhos diferentes, pois machos e fêmeas vivem num mundo que, para cada um deles, está colorido de forma diversa. Essa situação não introduz uma hierarquia absoluta entre os sexos: as fêmeas mostram-se melhores em certas funções, por exemplo a detecção de frutos maduros, coisa da qual os machos são incapazes; os machos, por sua vez, são excelentes em outras tarefas, por exemplo a rápida detecção de animais camuflados, ali onde a maioria das fêmeas revelam-se incompetentes.

Entre os macacos são bem conhecidas certas diferenças entre machos e fêmeas, como o peso e o tamanho; elas são essencialmente atribuídas a efeitos biológicos. Temos menos informações sobre outras diferenças, em particular as cognitivas.

Examinemos agora o caso mais estudado, e o mais carregado de *a priori*, o da espécie humana.

Quais performances físicas?

Nos esportes de competição, no caso de desigualdades patentes entre certas classes de indivíduos, são definidas categorias, para evitar o confronto entre indivíduos excessivamente diferentes. Além das categorias de peso, existem por vezes categorias de idade e de sexo.

As categorias de sexo são frequentes nos esportes – em natação, salto a distância, salto com vara, corrida, halterofilismo, tênis, esportes de combate, etc. Se compararmos campeões de cada um dos sexos, é evidente que as mulheres terão sempre, em média, performances diferentes (aqui inferiores) às dos homens. Essa situação pode ser explicada por uma constituição física globalmente diferente, que favorece os homens nas atividades esportivas. Mas talvez certo fenômeno social também interfira: as mulheres teriam menos atração pelos esportes, ou seriam menos pressionadas, menos incentivadas a praticá-los, o que acarretaria uma seleção menos rigorosa e, nas categorias mais altas, performances inferiores às dos homens. Não esqueçamos que o treino não basta para construir o campeão: muitos indivíduos da população não possuem as características físicas e genéticas requeridas. Certamente, há por toda parte numerosos esportistas amadores, mas um pouco menos nas competições regionais, e ainda menos no nível nacional. Ao longo de todos os níveis de competição, os mais aptos física e geneticamente têm mais chances de passar para o nível superior, e então nos deparamos, no nível mais alto, com esportistas que não possuem uma constituição banal.

Existe efetivamente uma influência social: quando as mulheres são solicitadas de modo especial para eventualmente se dedicarem a uma atividade ou carreira esportiva, não são mais observadas, em média, diferenças entre os campeões dos dois sexos: pelo menos é o que foi observado em natação nos Estados Unidos. Mas não para a corrida: os homens correm em média mais rápido que as mulheres, tanto nos esportes de competição quanto nas corridas abertas ao grande público. Portanto, essa melhor performance masculina é necessariamente de ordem biológica, e pode ser explicada por diferenças conhecidas no nível anatômico ou fisiológico. Os homens, por exemplo, têm em média pernas mais longas que as mulheres (relativamente à altura do corpo); eles também possuem um coração e pulmões maiores (sempre relativamente à altura), uma maior capacidade de transporte de oxigênio no sangue, maior capacidade de eliminar substâncias químicas resultantes do exercício muscular.

É no arremesso que reside sem dúvida uma das maiores diferenças de desempenho físico: os homens são arremessadores muito superiores às mulheres, tanto em relação à precisão do tiro quanto à distância do lance. Por volta de 12 anos, as meninas mais hábeis estão no nível dos meninos menos dotados. Essa distância já é muito marcada desde a idade de três anos, e isso em tal grau, que se não apelássemos a uma diferença natural de aptidão, seria necessário imaginar um treinamento intensivo generalizado dos meninos antes dessa idade para explicar essa diferença. Os meninos têm os ossos rádio e cúbito mais longos que as meninas (relativamente à altura do corpo); evidentemente, ter um braço mais comprido é uma vantagem para se atingir um lançamento mais distante. Como essa diferença no comprimento de braço já existe *in utero*, deduzimos que estamos tratando com um fenômeno de origem biológica.

Se vocês tiverem filhos dos dois sexos, certamente já terão observado que os meninos geralmente preferem atividades violentas, como as brincadeiras de empurrões, embora isso não seja um privilégio deles. Essa preferência lúdica sem dúvida prenuncia outra na idade adulta: nas sociedades em que as competições físicas entre homens adultos são mais violentas, constata-se uma violência mais intensa nas brincadeiras dos meninos.

Será que essa diferença entre sexos na violência das brincadeiras infantis é cultural? Talvez, mas em todo caso é encontrada em muitos primatas e outros mamíferos. E ela parece ser fortemente influenciada por exposições hormonais *in utero*: uma superexposição a hormônios masculinos antes do nascimento aumenta a violência das brincadeiras tanto nas meninas quanto nos meninos.

Essas diferenças biológicas nas performances físicas são frequentemente reforçadas por um ambiente familiar e cultural favorecendo a prática e o treino para os meninos, e desviando as meninas dessas atividades; assim, a diferença entre os sexos exacerba-se ainda mais. Vejamos agora o que se passa na cabeça de cada um dos sexos.

Quais performances cognitivas?

Tomem um cérebro de cada sexo, façam as comparações e joguem o jogo das diferenças: o exercício é fácil. A assimetria dos hemisférios não é marcada da mesma forma: há mais matéria cinzenta em um e mais matéria branca no outro. O detalhe anatômico da maioria das regiões não é o mesmo, incluindo as regiões envolvidas nas funções "cognitivas", como o hipocampo e o neocórtex, etc. Com instrumentos de observação mais refinados será possível perceber diferenças para a maioria dos neurotransmissores, esses sinais químicos fabricados pelos neurônios e destinados a influenciar outros neurônios. Para resolver uma mesma tarefa relativamente simples (por exemplo, a pronúncia de palavras novas) regiões diferentes do cérebro são solicitadas em homens e mulheres. E, evidentemente, munidos de um jaleco branco dos instrumentos da biologia molecular, vocês constatarão que a expressão dos genes difere de um sexo para outro, como nos animais-modelo descritos acima.

O que acontece com o desempenho desses cérebros? Com tantas diferenças anatômicas, fisiológicas e moleculares, não é surpreendente que também existam diferenças funcionais. Certos resultados já são clássicos: as mulheres, em média, dominam melhor a linguagem que os homens e a utilizam diferentemente; elas também são melhores na interpretação das expressões faciais, na representação do estado mental alheio, na memória da localização dos objetos; os homens, de seu lado, são em média melhores nos exercícios de rotação mental (quando, por exemplo, é necessário fazer girar mentalmente um objeto para decidir se ele é ou não equivalente a um objeto modelo), para avaliar a velocidade de um objeto e predizer seu trajeto, imaginar a cartografia de um lugar. Quer consideremos a visão, o ouvido, a memória, as emoções, a orientação, a lateralidade manual, ou ainda a ação dos hormônios de estresse, em todos os campos, as diferenças são marcantes entre homens e mulheres. Podemos apreciar esse diferente funcionamento mental através da prevalência de formas extremas: as mulheres sofrem mais de enxaqueca, de depressão, de fobias, de anorexia; em contrapartida, o autismo é mais frequente entre os homens (quatro vezes mais), inclusive em suas formas mais leves (dez vezes mais), assim como os comportamentos antissociais, as formas graves de esquizofrenia, a gagueira, a dislexia, entre outros; a lista seria longa. Durante muitos anos o tema foi tabu; não se falava de diferenças sexuais a propósito do cérebro. Desde há uns dez anos, os cientistas têm descoberto cérebros inacreditavelmente diferentes: "... existe agora todo um conjunto de dados mostrando que os homens e as mulheres diferem, de modo constante, num grande número de domínios neuropsicológicos". Mas de onde provêm essas diferenças?

As origens das diferenças

A influência hormonal é incontestável em certo número de traços, por exemplo naqueles que aparecem ou se acentuam no momento da puberdade. Algumas situações permitem uma espécie de experimentação: é o caso dos tratamentos hormonais ministrados por razões médicas ou às pessoas que desejam mudar de sexo. Observamos então que um aporte de testosterona melhora o desempenho no teste de rotação mental e diminui a fluência verbal. As variações sazonais da taxa de testosterona nos homens, assim como as variações durante o ciclo menstrual nas mulheres, induzem a variações concomitantes nos desempenhos nesse teste. Outro exemplo: a resistência à dor. Os homens são mais resistentes à dor do que as mulheres, e isso pode ser invertido por tratamentos hormonais. No caso das mulheres, a resistência à dor varia durante o ciclo menstrual. Para os homens, certas situações sociais podem aumentar essa resistência: basta realizar o teste em público, ou então em presença de mulheres bonitas – o que provoca uma produção de hormônios –, e a resistência à dor aumenta.

Os hormônios podem ser modulados por acontecimentos sociais: conhecemos o exemplo clássico do torcedor, diante de sua televisão, cuja taxa de testosterona aumenta ou diminui de acordo com o resultado da partida. Em que medida a vida social, ainda dominada pelos homens, pode influenciar certas diferenças entre os cérebros de cada sexo, permanece uma questão em aberto. Para o mamífero que apresenta o mais estrito sistema hierárquico no que diz respeito à reprodução (o rato-toupeira, um roedor subterrâneo africano), é a posição social e não o sexo que constitui o principal determinante das diferenças morfológicas do cérebro. Sabemos também que a especialização em certa função provoca mudanças no cérebro: o exemplo mais conhecido é o dos taxistas, que utilizam intensamente mapas mentais, o que acarreta mudanças morfológicas numa região particular do cérebro (o hipocampo). Acontecimentos particularmente fortes também podem modificar o funcionamento do cérebro.

De qualquer forma, no Homem, certas diferenças são observadas bem precocemente: algumas horas após o nascimento, as meninas são – já – atraídas pelos rostos, e os meninos por objetos físicos ou mecânicos. Essa diferença, que prenuncia a maior sociabilidade das meninas, é aqui necessariamente biológica; ela também prenuncia a preferência dos meninos pelos caminhões e a das meninas pelas bonecas; tentem despertar o interesse de meninos pequenos pelas bonecas: será um fracasso certeiro. Incidentalmente, encontramos esse tipo de preferência diferencial entre os sexos em outro primata: as jovens fêmeas cercopiteco preferem as bonecas, e os jovens machos os caminhões. Essas preferências nos primatas são o sinal de uma diferença bastante profunda nas estruturas do cérebro. Deduzimos que a tradição social que atribui os brinquedos de acordo com o sexo apenas reforça uma preferência pré-existente, sem criá-la. Sem dúvida a preferência das meninas pela cor rosa, encontrada em diversas culturas, também segue este esquema.

Talvez vocês já tenham constatado, entre homens e mulheres, um desacordo sobre a escolha de cores, por exemplo quanto ao modo de nomeá-las, de combiná-las ou de diferenciá-las. Um partidário da paz entre os casais aconselharia que o homem renunciasse a argumentar e que não fosse muito radical quanto a essas questões; ele também explicaria a ambos que eles provavelmente têm uma diferença genética na percepção das cores, sendo que a mulher é sem dúvida mais favorecida. Uma vez que essa diferença fosse compreendida por cada um, a vida poderia ser retomada com um pouco menos de incompreensão recíproca. O que acontece exatamente?

Em primeiro lugar, observamos frequentemente no homem uma deficiência na percepção das cores. Nossa espécie é considerada tricromática: em estado normal possuímos três tipos de cones na retina. Por vezes encontramos homens daltônicos (8%-10%), a quem falta um tipo de cones: então, eles são dicromáticos. Como os macacos machos do Novo Mundo, esses daltônicos dicromáticos têm dificuldade para perceber certas cores mas, em contrapartida, são favorecidos na detecção de objetos camuflados. Aliás, certas mulheres possuem uma originalidade genética na percepção das cores: com quatro tipos de cones, elas são tetracromáticas, o que lhes proporciona uma visão muito diferente do mundo colorido. Elas são numerosas? As opiniões divergem, pois ainda não existem estudos em escala suficiente: fala-se com frequência em 50% das mulheres, mas essa estimativa é baseada numa amostra de quatro mulheres. Esperamos com impaciência estudos confiáveis para avaliar a extensão desse fenômeno.

Conclusão

No século XX, era moda em ciências humanas nada atribuir aos efeitos biológicos. O autismo, por exemplo, era atribuído ao comportamento dos pais. Ainda consideramos o comportamento feminino e masculino como unicamente resultante de uma construção cultural; é o caso da atração das meninas pelas bonecas e o entusiasmo dos meninos pelos esportes violentos. Sem entrar na história das ciências, essa recusa obstinada de considerar a possibilidade da existência de determinismos biológicos no Homem foi um freio para o reconhecimento da real amplitude das diferenças entre os sexos. Homens e mulheres são diferentes do ponto de vista genético, cromossômico, fisiológico, anatômico, físico e cognitivo. A esses aspectos biológicos acrescentam-se efeitos culturais, que geralmente os amplificam, e hábitos sociais, que resultam historicamente de uma forte dominação masculina.

Essas diferenças entre homens e mulheres são integradas no conjunto das diferenças observadas entre os sexos no mundo vivo. Homens e mulheres não têm as mesmas estratégias de reprodução, nem os mesmos tipos de investimento parental.

Eles não possuem o mesmo potencial reprodutivo, a mesma possibilidade de impor sua escolha ou de manipular o outro. Portanto, a seleção se deu de forma diferente para cada sexo, o que explica as adaptações físicas, fisiológicas e cognitivas entre machos e fêmeas, entre homens e mulheres na espécie humana. Os meninos são atraídos pelos esportes que prenunciam as atividades violentas dos adultos; as meninas interessam-se por um substituto de lactante, como treinamento para as maternidades futuras: pode-se ver aí uma marca cultural de despotismo masculino impondo os papéis. Mais precisamente, veremos uma especialização biológica, mantida culturalmente (e nesse ponto, o despotismo masculino pode intervir), certamente selecionada desde tempos imemoriais. Mas diferenças biológicas entre os sexos não se restringem às brincadeiras infantis: podem ser encontradas em todos os níveis da vida, inclusive na maior longevidade das mulheres. As diferenças biológicas entre homens e mulheres foram ignoradas por muito tempo na perspectiva médica, com exceção daquelas que se relacionam diretamente com a reprodução. Agora, começou-se a estudá-las seriamente, como anuncia o ramo médico da Academia das Ciências Americanas: "O sexo é importante. Ele é importante em âmbitos inesperados. Indubitavelmente, sua importância vai ser revelada em âmbitos que ainda nem começamos a imaginar".

Certas diferenças sociais entre os sexos, sem qualquer base biológica possível, são preocupantes em nossa sociedade, como a desigualdade salarial para trabalhos iguais. Mas buscar uma igualdade social apoiando-se em uma suposta igualdade biológica não é provavelmetne um bom caminho. Evidentemente, podemos buscar a igualdade dos sexos nos domínios político, social ou educativo, entre outros, mas nenhuma tentativa terá sucesso total se ignorar o que fundamentalmetne separa o homem e a mulher. Pelo contrário, é expondo à luz essas diferenças biológicas, é circunscrevendo sua extensão (inclusive as variações entre os grupos humanos) e explicando sua origem que conseguiremos colocar as bases necessárias para a construção de uma verdadeira igualdade social entre os homens e as mulheres. Essas diferenças biológicas não são eternas, mas é numa escala evolutiva que elas podem mudar e, eventualmente diminuir, se a seleção for nesse sentido. Resta ao homem e à mulher determinar se essa igualdade biológica (que inclui a amamentação paterna) é desejada e desejável.

Finalmente, não esqueçamos que é costume, em nossa sociedade francesa, considerar a diferença entre o homem e a mulher como uma construção social. Assim, é politicamente incorreto considerar que fatores biológicos possam explicar uma parte das diferenças físicas, e sobretudo cognitivas, entre os homens e as mulheres. Portanto, não usem as informações deste capítulo em conversas de salão, principalmente se vocês quiserem causar uma boa impressão ou melhorar sua posição num grupo social. Evitem da mesma forma este assunto num primeiro *tête-à-tête* num restaurante: senão, terão que gastar muita saliva para compensar tal inabilidade. Na verdade, é melhor esquecer totalmente este capítulo e passar depressa para o próximo...

5

A homossexualidade

Pedi ao conferencista um texto resumindo o conteúdo de sua palestra. É esse o costume: ele será divulgado uma semana antes e servirá como anúncio publicitário. A pessoa em questão é um professor canadense de psicologia, biologia e psiquiatria, que vai falar das preferências sexuais, diante de um público de pesquisadores e universitários. Recebo o resumo e o transmito ao comitê de organização... "Que horror!", é a reação, "a primeira frase desse resumo é escandalosa. Ela reflete uma ideologia inadmissível: essa conferência tem que ser imediatamente anulada..." Espantado, releio a primeira frase: "Descobrimos em primeiro lugar que não escolhemos nossas preferências sexuais." Além do fato de se anular uma conferência em razão de uma simples opinião, impedindo assim a possibilidade de troca de argumentos esclarecidos sobre um ponto discordante, tal reação mostra que fora do círculo de especialistas, os resultados das pesquisas sobre as preferências sexuais são curiosamente pouco divulgados. Alguém nasce homossexual, torna-se homossexual ou escolhe que vai se tornar um? Na França, infelizmente, a resposta transformou-se numa tomada de posição política, como mostram as declarações dos candidatos às eleições de 2007, e as reações midiáticas provocadas por elas. No entanto, é a Terra que gira em torno do Sol, a despeito da Inquisição: de qualquer forma, a realidade não deve ser escamoteada ou substituída pelo reflexo de uma opinião ou uma ideologia.

E, em primeiro lugar, seria a homossexualidade exclusiva do Homem?

A homossexualidade nos animais

Observamos *comportamentos* homossexuais em muitos animais sociais, particularmente entre os mamíferos e os pássaros. Seja entre primatas, ungulados, carnívoros, roedores, marsupiais, ou ainda entre os patos, gansos, cisnes, gaivotas, andorinhas, pardais, pica-paus, etc., os naturalistas observaram, e isso para centenas de espécies, a existência mais ou menos frequente de relações sexuais entre machos ou entre fêmeas. O que isso significa?

Entre os bonobos, as relações sexuais são um modo de apaziguar os conflitos e as tensões sociais; as fêmeas praticam uma homossexualidade intensa e explícita, cuja função é tecer vínculos sociais bastante fortes. Os machos também praticam uma forma de homossexualidade como as fricções mútuas dos pênis, mas nunca foi observada penetração, nem ejaculação nesse tipo de relação. Os laços sociais que as fêmeas mantêm entre si permitem que elas dominem socialmente os machos, situação muito rara entre os mamíferos. Aqui, a homossexualidade é um meio de desenvolver alianças sociais.

O gorila-das-montanhas vive em grupos, unidades constituídas principalmente de um macho adulto, de várias fêmeas e de indivíduos imaturos. Em geral, um macho monopoliza mais do que uma fêmea, deixando assim outros machos sem acesso ao outro sexo. Essa é uma consequência demográfica da poligamia, já que machos e fêmeas nascem em mesmo número. Esses azarados, entre os quais se encontram jovens adultos, vivem de modo solitário ou no interior de grupos compostos de machos. Esses bandos de machos são bastante unidos, em parte devido às relações homossexuais que frequentemente ocorrem entre eles. Esses bandos têm uma composição mutante, pois são filas de espera sociais: quando um jovem macho finalmente se transforma num adulto maduro e poderoso, se as circunstâncias forem favoráveis, ele irá deixar o bando de machos e, de diversas formas, muitas vezes violentas, buscará conquistar uma fêmea, e depois várias, se assim lhes aprouver. Então os machos, mais ou menos temporariamente excluídos do mercado da reprodução, praticam uma homossexualidade no interior de certo grupo social, o que é uma consequência direta da poligamia.

Se percorrermos cada uma das espécies de mamíferos cujos comportamentos homossexuais adultos foram observados ou estudados, sempre encontraremos dois elementos: a poligamia, que deixa numerosos machos sem acesso às fêmeas, e a necessidade de alianças, mantidas e reforçadas por relações sexuais. Em todas essas espécies, a homossexualidade exclusiva não existe. A fêmea bonobo é bissexual durante toda sua vida adulta. O macho gorila torna-se essencialmente heterossexual uma vez que ele tenha deixado seu grupo de machos e que tenha constituído seu harém. É claro que existirão alguns machos desafortunados aos quais nunca será oferecida a oportunidade de monopolizar uma fêmea, e que irão assim permanecer sempre na fila de espera. É essa restrição social, e não a manifestação de um estado fundamental de macho homossexual, que fará com que eles conheçam apenas relações sexuais com outros machos. Nas populações naturais do mundo animal, não se tem notícia de machos homossexuais com uma *preferência* exclusiva por outros machos.

Também no caso do Homem, existem tradições que impõem ou suscitam comportamentos homossexuais.

Os comportamentos homossexuais socialmente impostos

Se você for um menino papua de sete-oito anos, já é tempo de largar da tanga de sua mãe e seguir seu pai, indo viver na Grande Casa dos homens onde será iniciado. Um aspecto importante da iniciação consiste em se embeber de esperma durante vários anos, por via oral ou anal, dependendo do grupo étnico. Esse costume permite adquirir o status reconhecido de homem verdadeiro, devido às propriedades peculiares atribuídas ao sêmen masculino. Uma vez adulto, o rapaz pode ter uma mulher, caso haja alguma disponível, e iniciar uma vida essencialmente heterossexual. Temos aqui uma norma social impondo um comportamento homossexual numa situação precisa, numa idade particular, e excluindo-o em outros momentos.

Esse tipo de ritual iniciático e institucional existia entre os indo-europeus, no contexto levemente diferente de uma *homossexualidade pedagógica*: o educador, quando ele não era o pai, tinha normalmente relações sexuais com seu aluno. Por exemplo, por volta de 12 anos, os meninos da aristocracia de Esparta deviam obrigatoriamente ter um mestre – que também era um amante exclusivamente ativo – no contexto de um objetivo formador e militar. Encontramos essa instituição, com variações, entre os indo-europeus ocidentais, os celtas, os germânicos, gregos e albaneses, mas não entre os indo-iranianos, o que sem dúvida é resultante de uma oposição precoce da classe sacerdotal às práticas dos guerreiros. A seguir, essa homossexualidade abandonou seu caráter pedagógico na Grécia tardia, para tornar-se uma pederastia generalizada, sempre guardando indubitavelmente um papel nas alianças sociais cuja importância não foi aprofundada.

Múltiplos são os comportamentos homossexuais nas diferentes sociedades humanas; alguns deles são codificados, como entre os papuas e os gregos antigos, outros são a consequência da posse da maioria das mulheres por alguns homens (ver o capítulo 3), que gera filas de espera sociais, e uma idade média de casamento alta para os homens. Geralmente isso acarreta uma estrutura por idade nos comportamentos homossexuais. Um caso extremo é o das prisões, onde os prisioneiros são geralmente agrupados por sexo. Os comportamentos homossexuais são frequentes nas prisões, assim como em outros lugares em que as mulheres são relativamente raras, por exemplo o exército. Os prisioneiros com esses comportamentos, em geral, não se consideram homossexuais: ao serem soltos, a maioria retoma comportamentos exclusivamente heterossexuais. Na prisão, momento de espera de melhores dias, os comportamentos homossexuais desempenham um papel social, mesmo que não sejam mutuamente consentidos.

No contexto de comportamentos homossexuais induzidos pelas tradições, pode às vezes ser delicado distinguir entre o que é imposto socialmente e o que procede de uma preferência. É claramente admitido que a preferência homossexual exclusiva existe nas sociedades ocidentais atuais: esse é um fenômeno recente? Desde quando existem homens com tais preferências?

A preferência homossexual ao longo dos séculos

A História é muitas vezes rica em detalhes íntimos sobre as celebridades: portanto, é entre elas que poderemos encontrar homens do passado tendo preferências marcantes por outros homens. O casamento não pode ser considerado como indicação de uma orientação heterossexual, pois esse laço pode ser uma fachada social num grupo que impõe a heterossexualidade. André Gide era casado, mas nunca consumou seu casamento. Tampouco a fertilidade do casamento é um argumento decisivo: Oscar Wilde teve dois filhos de sua mulher. No entanto, é difícil considerar esse escritor como bissexual: até onde os biógrafos conseguiram descobrir, ele só teve relações sexuais com uma única mulher – a sua – mas com mais de uma centena de homens. Ninguém pode negar que André Gide e Oscar Wilde tinham preferências sexuais por outros homens. O mesmo ocorreu com outros personagens célebres dos séculos XIX e XX: Marcel Proust, Rudyard Kipling, Alan Turing, Federico Garcia Lorca, Michel Tournier, entre outros.

No século XVIII, os "sodomitas" são frequentes em todas as camadas sociais, tanto na França quanto na Inglaterra. Antes disso, podia-se encontrar entre eles, por exemplo, o irmão de Luis XIV, Leonardo da Vinci e Michelangelo. Mohammed V, de uma dinastia berbere, era conhecido por seu harém de 600 rapazes jovens. Remontemos diretamente a um passado mais longínquo, há mais de dois milênios: encontramos então Virgílio, Alexandre o Grande, Zenão, Platão... Arquíloco, grande poeta lírico de há vinte e sete séculos, menciona, nos termos de então, que um de seus amigos é homossexual. Mudemos de continente: o que nos dizem os antropólogos do século XIX e do início do século XX, que estudaram as sociedades tradicionais sobre as preferências homossexuais? Pouca coisa: eles se interessam pouco por elas, ou as ignoram. Entretanto, eles as descreveram em certas sociedades muito diversas: os Tchuktches do extremo leste siberiano, os Bagisu de Uganda, os Kuna do Panamá, entre outros. Mais antigamente, na Ásia, são mencionadas as preferências homossexuais do ditador militar (*xógum*) Lemitsu no Japão do século XVII, e as de um imperador chinês do século VI antes de nossa era, etc.

Esta lista muito parcial mostra que a preferência homossexual masculina é encontrada em numerosas sociedades, e isso desde há muito tempo. Quais são os seus determinantes? Foi principalmente nas sociedades ocidentais que eles foram pesquisados.

Os determinantes biológicos

Houve muitas tentativas para modificar a preferência homossexual masculina, e mesmo para curá-la: no Ocidente, ela é considerada uma doença. Durante a Segunda Guerra Mundial, o exército americano aplicava injeções de hormônios masculinos nos homossexuais; nos campos de concentração, os nazis fizeram o mesmo; depois, na Inglaterra, e em hospitais americanos, tentou-se a aplicação de injeções de hormônios femininos: nenhuma mudança de preferência sexual foi observada. Outros tipos de tratamento foram realizados; eletrochoques, lavagem cerebral, psicanálise, etc.; todos fracassaram, indicando que a preferência sexual encontra-se profundamente implantada no cérebro.

Ao menos um fator da homossexualidade masculina foi claramente identificado: o número de irmãos mais velhos. Quando esse número aumenta, a probabilidade de ser homossexual é maior. O número de irmãos caçulas não tem qualquer incidência, nem o número de irmãs. Coisa notável: o fato de ter sido criado ou não com os irmãos maiores não faz qualquer diferença, o que indica um efeito biológico, não resultante de influências familiares ou sociais. Não pode se tratar de um efeito genético, pois a posição de nascimento não é uma característica transmissível (um caçula não pode ter só caçulas em sua descendência). A explicação proposta é um pouco técnica e refere-se à imunização progressiva da mãe a determinantes específicos do cérebro de um embrião macho, à medida que ocorrem gestações de filhos homens; resultaria daí um obscurecimento dos sinais moleculares que determinam sua evolução para um estado masculino. Mas embora os homens homossexuais tenham em média um maior número de irmãos mais velhos que os heterossexuais, também encontramos numerosos homossexuais entre os primeiros filhos: o efeito do número de irmãos mais velhos explica apenas um sétimo dos casos de homossexualidade masculina. Portanto, outros fatores estão em jogo.

Certamente existem fatores hereditários (como para a maioria dos traços físicos, fisiológicos, psicológicos, etc.), apesar de não serem preponderantes. Uma primeira indicação provém da transmissão da preferência sexual entre pais e filhos: ter um pai homossexual multiplica por cinco a probabilidade, para um filho, de também ser homossexual. Essa transmissão pode provir dos genes ou então de elementos culturais familiares, ambos podendo passar de uma geração a outra. No entanto, comparando a concordância das preferências sexuais de gêmeos idênticos e de "falsos" gêmeos – tão diferentes geneticamente quanto irmãos não gêmeos – é possível evidenciar fatores genéticos explicando parcialmente os resultados. Isso se confirma no caso de gêmeos idênticos criados separadamente: apenas a influência genética pode então explicar a concordância da preferência sexual. A identificação precisa desses genes ou das regiões de cromossomas onde eles se encontram não forneceu resultados indiscutíveis, o que provocou polêmicas na mídia. Pode-se notar que as técnicas empregadas são pouco sensíveis (apenas são detectáveis genes com efeitos muito fortes, por exemplo), indicando que, nesse ponto, avanços podem ser esperados.

À primeira vista parece paradoxal que fatores genéticos possam ser selecionados para um traço suprimindo ou diminuindo a reprodução: mas um gene pode agir de forma diferente dependendo da situação, em particular segundo o sexo da pessoa no qual se encontra. Esse tipo de gene, tendo efeitos positivos ou negativos dependendo do sexo, é frequente nas espécies onde foi buscado: ele provavelmente se encontra presente em todas as espécies vivas sexuadas, de acordo com as teorias da seleção sexual. A partir de uma amostra de indivíduos homossexuais ou heterossexuais, trabalhos recentes mostram uma maior fecundidade na linhagem materna das famílias dos homossexuais, em relação às famílias de heterossexuais, e nenhuma diferença nas linhagens paternas. Alguns supõem a existência de um fator herdado pela mãe, por exemplo um fator feminilizante, com um efeito oposto na reprodução das irmãs e dos irmãos: ele aumentaria a fecundidade das mulheres, ao mesmo tempo em que diminuiria a dos filhos. Essa possibilidade, enunciada inicialmente como uma hipótese há alguns anos, parece uma pista plausível segundo um estudo teórico recente, mas deve ainda ser confirmada por outros estudos.

Outra explicação proposta seria uma seleção indireta: como um homossexual não se reproduz, ou se reproduz menos que um heterossexual, ele poderia compensar essa perda de transmissão de seus genes dirigindo para outros membros da sua família o investimento que teria reservado a seus próprios filhos – por exemplo, devotando-se a seus sobrinhos ou sobrinhas, com os quais ele compartilha um quarto de seus genes. Mesmo que a ideia pareça estranha, ela permanece válida do ponto de vista teórico, e não pode ser refutada a não ser com dados concretos. Muitos pesquisadores mediram esse investimento familiar, sob diferentes formas, de homens adultos homossexuais e heterossexuais. Todos concluíram que não existem diferenças: assim, esse tipo de seleção não pode ser invocado para explicar a homossexualidade.

De qualquer forma, a lista dos fatores biológicos responsáveis pela homossexualidade masculina certamente não está fechada, e aqueles que foram identificados explicam somente a minoria dos casos. A homossexualidade feminina foi menos estudada, sendo portanto menos compreendida, e provavelmente diferente da homossexualidade masculina. Por exemplo, cerca de 50% das lésbicas já foram casadas, contra 6% dos homens gays; a grande maioria das lésbicas (85%) começou por uma experiência heterossexual, contra 20% dos homens homossexuais. Assim, é possível que os efeitos biológicos sejam menos importantes para a homossexualidade feminina: os determinantes pessoais e sociais assumem aqui todo seu peso.

Conclusão

A moda, na França, é considerar a homossexualidade masculina como uma escolha individual. Freud, de seu lado, designava a mãe como responsável: esse ponto de vista é perfeitamente arbitrário, e nunca foi provado. A homossexualidade masculina ocidental não é geralmente uma escolha individual; efetivamente, o jovem adolescente descobre, mais do que escolhe, suas preferências sexuais, provavelmente determinadas muito cedo por fatores biológicos, dentre os quais alguns podem ser os genes.

De modo geral, sabemos pouca coisa sobre esses fatores biológicos. Sem dúvida isso se deve à crença popular segundo a qual a homossexualidade masculina é uma escolha, vindo daí o olhar de suspeita para a pesquisa de fatores biológicos, suspeita que, indiretamente, constitui um freio para essa última. Uma confusão também se instaura entre comportamento homossexual e preferência homossexual, cuja explicação não se situa no mesmo plano. Além disso, a interação entre o ambiente social e os determinantes biológicos aumenta o equívoco: numa sociedade que impõe a heterossexualidade, a preferência homossexual pode se esconder sob uma aparência de heterossexualidade. Inversamente, comportamentos homossexuais podem aparecer em situações socialmente impostas, na prisão, por exemplo. Então, para se compreender a homossexualidade é indispensável separar claramente o que pertence a cada uma dessas categorias.

Quanto aos fatores genéticos, não é possível desprezá-los. A diferença entre o homem e a mulher é em primeiro lugar de ordem cromossômica (e portanto genética); a diferença de cor da pele é parcialmente ambiental (fenômeno de bronzeamento), e majoritariamente genética quanto à diferença de coloração entre populações; a cor dos olhos e dos cabelos resulta de fatores genéticos, como certas diferenças na preferência alimentar (assim, por exemplo, os adultos com intolerância à lactose não gostam de leite, ver capítulo 1), as capacidades genéticas de percepção dos odores variam de um indivíduo a outro, etc. Sem nos desviarmos dos caminhos bem balizados dos estudos científicos sérios e verificados, a lista já seria longa. É claro que essa lista nunca englobará tudo, mas ela irá se chocar contra visões diferentes do comportamento humano. Quanto à homossexualidade masculina, fatores genéticos certamente estão em jogo, mas não explicam tudo. Outros tipos de fatores intervêm; fatores biológicos como o fato de se ter irmãos mais velhos, e certamente outros ainda não identificados, inclusive talvez fatores familiares ou sociais. De qualquer forma, a existência desses fatores biológicos é agora claramente estabelecida; é possível avançar buscando identificá-los e compreender sua origem.

Qual a utilidade de se identificar esses fatores biológicos? Simplesmente para fazer recuar o obscurantismo. Quanto mais ele recua, sobretudo no terreno das questões humanas, mais o despotismo se afasta. Considerar que a homossexualidade é uma escolha permite responsabilizar o indivíduo homossexual por seu estado, o que pode levar a certa culpabilização num contexto social homofóbico. No decorrer da história, uma forte intolerância grassou contra a homossexualidade, chegando-se mesmo a decretá-la passível de pena capital, ainda legal em alguns países. Alan Turing teve que se submeter a um tratamento hormonal – ineficaz – para remediar sua homossexualidade; ele se suicidou pouco depois, em 1954. Ainda atualmente, a homossexualidade está amplamente presente na vida social, em diversos níveis, e sua origem não é bem compreendida. Talvez, quando o conhecimento dos determinantes biológicos das preferências homossexuais tiver avançado, será mais fácil compreender a origem da homofobia e neutralizá-la.

De qualquer maneira, é importante fazer avançar o saber sobre o determinismo das preferências homossexuais, principalmente no contexto atual, onde esse assunto pode ser utilizado nos meios de comunicação: em vez de opiniões dependentes de posicionamentos ideológicos e políticos, é evidentemente preferível que nesses momentos prevaleçam conhecimentos sólidos.

6

A ecologia familiar

"Famílias, eu vos odeio!", escrevia André Gide. Quanto ao geneticista Haldane, ele se declarava pronto a dar sua vida para salvar dois irmãos ou oito primos, mas não por menos. A família suscita ódio e amor. Mas, de verdade, o que é uma família? Um sociólogo irá responder evocando sua função: um grupo de adultos responsáveis pela produção, socialização e a educação de crianças. Um antropólogo, por sua vez, insistiria na constituição da família através dos laços de parentesco que reúnem as pessoas, e na maneira pela qual as riquezas são transmitidas de uma geração a outra. Uma coisa é certa: independentemente de sua definição, a família é diversa e varia de acordo com os lugares e épocas.

Ao nascer, o bebê humano é incapaz de se deslocar e de se alimentar sozinho, exatamente como o ratinho recém-nascido – uma situação frequente entre os mamíferos. Após o desmame, a dependência da criança em relação a seus pais é corrente nas espécies sociais. Em contrapartida, a duração desse período é particularmente elevada na espécie humana, e sem equivalência com os outros mamíferos. Fica assim evidenciado que aquilo que os pais proporcionam aos filhos durante esse período é especialmente lento a ser transmitido e lento a ser aprendido. Graças a seus pais e, de forma mais geral, à família, a criança adquire bens materiais, um saber, competências cognitivas e sociais. E quando as crianças saem desse período de dependência, a família não se contenta com isso. A transmissão dos recursos familiares inicia-se no nascimento da criança. Pelo sistema de herança, ela se prolonga para além da morte dos pais.

Um elemento importante no seio da família é o investimento parental, termo genérico abrangendo os comportamentos dos pais em relação a seus filhos e traduzindo-se por uma melhoria de suas competências. Esse investimento é um recurso limitado, distribuído criteriosamente por cada genitor, em função de sua estratégia reprodutiva e das múltiplas contingências da vida. Para os filhos, esse recurso limitado torna-se ainda mais precioso pelo fato de que podem existir competidores, irmãos e irmãs, por vezes até mesmo meio-irmãos e meio-irmãs. Mas outros membros da família podem oferecer contribuições, os avós, por exemplo.

Consideremos com atenção a avó: não se reproduzindo mais após a menopausa, ela pode se dedicar completamente a seus netos. É essa a função familiar da menopausa?

Avó e menopausa

A menopausa é paradoxal: por que perder a possibilidade de se reproduzir por mais tempo antes da morte? Paradoxo que se acentua ao lembrarmos que a mulher tem uma esperança de vida superior à do homem que, de seu lado, não tem um limite de idade nítido para sua reprodução. Qual pode ser a utilidade, do ponto de vista da evolução, de um indivíduo que não pode mais se reproduzir? Talvez nenhuma, se admitirmos que antes eram raros aqueles que sobreviviam até a idade da menopausa. Os progressos recentes da higiene e da medicina levaram a esperança de vida para além desse limite reprodutivo. Tal argumento apresenta sempre uma dificuldade: se procurarmos, mais de dois milênios atrás, nas biografias conhecidas – essencialmente de homens – encontraremos facilmente pessoas de mais de 70 anos; Arquimedes, por exemplo, mas também Diógenes, Heráclito, Tales, Epitecto, Zenão, Epicuro, Platão. É evidente que, nos séculos e milênios precedentes, havia a todo momento numerosas pessoas de certa idade, inclusive entre as mulheres. A presença efetiva das avós na vida social é atestada por contos imemoriais, fato com o qual Chapeuzinho Vermelho estaria de pleno acordo. Aliás, se calcularmos a esperança de vida, não no nascimento, pois a mortalidade das crianças pequenas era muito grande naqueles tempos, mas para os indivíduos tendo ultrapassado a marca dos cinco anos, ou ainda melhor, dos 25 anos, encontramos valores bem mais respeitáveis (52 anos, por exemplo, segundo a análise de uma câmara sepulcral de 4000 anos situada na região de Marne).

Por outro lado, em todas as sociedades tradicionais estudadas pelos antropólogos dos séculos XIX e XX, encontramos numerosas mulheres acima de quarenta e cinco anos, portanto mulheres menopausadas.

Assim, a importância da vida pós-reprodutiva das mulheres não parece ser um fenômeno moderno do mundo ocidental. Vejamos em primeiro lugar se a menopausa também existe entre os animais.

A menopausa nos animais

O que acontece com nossos primos, os primatas? Em numerosas espécies pode-se notar a presença de fêmeas bem vivas, e que no entanto não se reproduzem mais, por exemplo, entre os chimpanzés, os babuínos, e outros macados. Quando estudamos as funções ovarianas e o perfil hormonal dessas fêmeas, verificamos que são similares às das mulheres durante a menopausa: podemos então considerar que o fenômeno de menopausa existe claramente no caso de certos macacos. Mas qual é sua importância? Para o macaco japonês, 41% das fêmeas têm uma vida pós-reprodutiva de alguns anos, o que representa cerca de 16% da duração de sua vida. Para o chimpanzé, essa duração é inferior, e existe uma variabilidade individual importante, o que explica os inúmeros desacordos nos estudos referentes a essa questão: os últimos concluem por uma ausência de menopausa nessa espécie. De qualquer forma, nos zoos, devido a uma maior longevidade em cativeiro, a vida pós-reprodutiva aumenta: portanto, a menopausa não está estritamente ligada à senescência do organismo.

Observem um bando de orcas: vocês poderão encontrar a filha, a mãe e a avó. Examinem bem a mais velha, sobretudo se ultrapassou os 40 anos: ela não se reproduz mais, e continua vivendo tranquilamente até 50 anos, e por vezes até oitenta ou noventa. A menopausa é conhecida em cetáceos como a orca, um globicéfalo e sem dúvida a cachalote, espécies cujos grupos sociais são construídos a partir da linhagem materna.

É difícil explicar a menopausa por um prolongamento recente da vida nessas espécies. Ao contrário, para a orca, por exemplo, e de forma mais geral no caso dos cetáceos, a longevidade diminuiu desde várias décadas, devido às atividades humanas. Assim, é preciso examinarmos uma explicação evolutiva: considerar que a desvantagem provocada pelo término da vida reprodutiva seja compensada, em moeda darwiniana, por uma vantagem suficiente. Qual poderia ser essa vantagem?

Para que servem as avós

As modalidades precisas da evolução da menopausa na linhagem humana continuam mal compreendidas. Em contrapartida, é possível compreender o papel atual da menopausa e da vida pós-reprodutiva. Os registros paroquiais finlandeses dos séculos XVIII e XIX permitem analisar a composição das famílias por várias gerações, e assim avaliar nesta escala a influência da vida pós-reprodutiva das mulheres. O que eles nos dizem? Consideremos um primeiro filho que acaba de nascer: ele terá mais irmãos e irmãs se sua avó for viva e se viver perto dele; ele terá também uma mãe mais jovem. Esse estudo foi retomado a partir de registros paroquiais de Québec dos séculos XIX e XX ou da Polônia dos séculos XVIII ao XX: a avó encontra aí a mesma posição capital. Nas sociedades tradicionais atuais, a avó ainda desempenha um papel importante. Ela cuida diretamente de seus netos, libera a filha das tarefas maternas, transmite conhecimentos: todas estas são facetas que devem ser levadas em conta para explicar porque sua presença aumenta o número, a sobrevivência e a reprodução dos netos.

E o avô? Ele não deixa de ter efeitos: quando ele está presente, seus filhos têm um primeiro filho numa idade mais precoce, sinal inegável de uma melhor condição geral. Entretanto, no estudo considerado, isto parece insuficiente: a ajuda que o avô pode proporcionar a seus filhos não se traduz, como no caso da avó, por um maior número de netos.

Portanto, a contribuição da avó ao investimento dos pais é a chave que permite compreender a evolução da menopausa. O investimento dos pais é um recurso crucial, tanto para aqueles que o oferecem, devendo ser distribuído criteriosamente, quanto para aqueles que o recebem, o monopolizam e dele se apossam. Podemos entrever aí, em torno do investimento dos pais, numerosas fontes de conflito.

Conflitos em torno do investimento parental

Incerteza de paternidade

"Como ele parece com você, é seu retrato escarrado!", diz a mãe dirigindo-se ao pai, referindo-se ao recém-nascido. Em geral, a mãe atribui a semelhança ao pai, assim como a família materna. O pai e a família paterna são frequentemente mais hesitantes. Mas então, com quem esse recém-nascido se parece? Para determinar a verdadeira semelhança, é preciso recorrer a pessoas que, de uma maneira ou outra, não estejam envolvidas naquilo que se encontra particularmente em jogo nas famílias estudadas. Os resultados são surpreendentes: elas declaram majoritariamente uma maior semelhança com a mãe. Por que a mãe e a família materna insistem inicialmente na semelhança com o pai, que decerto existe, mas permanece modesta comparada à semelhança com a mãe? Esta situação curiosa, evidenciada em vários países, é interpretada como uma manipulação inconsciente para diminuir as eventuais dúvidas do pai a respeito de sua própria paternidade.

É que os homens são especialmente minuciosos quanto a essas questões. Em caso de infanticídio, o pai muitas vezes justifica seu gesto pela ausência de semelhança entre ele e seu filho. Sempre no mesmo registro extremo, num grupo de homens estudado por atos de violência doméstica, um fator associado aos mais intensos maltratos da criança é o fato do pai acreditar que ela não se parece com ele. Evidentemente, o pai deve ter outros indícios além do rosto para suspeitar que seus genes estejam ausentes da criança; de qualquer maneira, a semelhança do semblante parece ser uma justificativa forte. De modo mais geral, um estudo sobre 186 sociedades tradicionais mostra que o investimento paterno é explicado principalmente pela certeza da paternidade. De um ponto de vista experimental, foram realizadas manipulações: diante de fotos de crianças apresentando graus diversos de semelhança com o sujeito testado, os homens mostraram-se muito mais sensíveis que as mulheres às semelhanças no rosto, principalmente quando se tratava de tomar decisões a respeito de investimento parental. Além disso, a ativação neuronal desencadeada no cérebro pelas semelhanças de rostos de crianças é mais importante no homem que na mulher. Assim, o homem, bem mais que a mulher, parece possuir capacidades particulares para avaliar a semelhança do seu próprio rosto e o de uma criança, indicação sobre a probabilidade de ter transmitido seus genes.

É frequente a situação em que o pai não é o genitor? Ela oscila entre os extremos de 0,8% e 30%, dependendo das culturas, regiões e nível sócio-econômico; a média situa-se em torno de 3% a 4%. O que essas cifras representam? Numa classe de vinte a trinta colegiais, isso significa que um entre eles, em média, herdou o sobrenome de seu pai, mas não seus genes. Essa seria uma proporção elevada? Sim, no que diz respeito à seleção natural, pois mecanismos genéticos e culturais foram estabelecidos para limitar, detectar ou camuflar esse fenômeno, de acordo com os interesses da pessoa considerada, pai, mãe ou criança.

Aliás, o conflito em torno da incerteza de paternidade não se restringe à família nuclear: a dúvida do pai vai se recolocar a cada geração, e cria uma assimetria entre os avós. A avó materna tem certeza que encontrará seus genes em seus netos, ao passo que o avô paterno não estará certo de percebê-los em seu filho, e ainda menos em seus netos. E quando comparamos os graus de investimento parental dos avós em relação a seus netos, constatamos que a avó materna se envolve muito mais, em média, que o avô paterno. Isso poderia ser explicado por uma maneira diferente de se cuidar das crianças, própria a cada um dos sexos, mas comparando-se os dois avós, nota-se que é aquele que tem mais certeza da filiação (o avô materno) que cuida mais de seus netos. Mesma conclusão comparando-se as duas avós. Vários estudos, levando em conta as diferentes opções dos avós, por exemplo a possibilidade de uma avó paterna de cuidar preferencialmente dos filhos de sua filha e não daqueles de seu filho, concluem que a incerteza da paternidade deve ser levada em conta quando buscamos compreender as diferenças de investimento dos avós em relação a seus netos. O mesmo fenômeno é encontrado, por diversas razões, em outros membros da família: assim, os tios maternos oferecem em média um maior investimento a seus sobrinhos ou sobrinhas que os tios paternos; o mesmo ocorre com as tias.

A incerteza de paternidade aparentemente constitui um problema masculino durante toda a história humana. Em numerosas sociedades, os homens suspeitosos enclausuram suas mulheres ou fazem com que sejam estritamente vigiadas. Foi o que vimos a propósito dos haréns, protegidos contra qualquer intrusão masculina exterior. Essas respostas sociais ou culturais não são as únicas: o homem, mais que a mulher, parece biologicamente dotado de um sistema de avaliação da semelhança dos rostos no que diz respeito à paternidade. De qualquer maneira, compreendemos melhor certos comportamentos humanos, como o investimento dos membros da família com relação às crianças pequenas, se consideramos a incerteza da paternidade.

Competição na fratria

Chega a sobremesa: a distribuição das fatias do bolo é sempre um momento delicado entre irmãos e irmãs, pois ninguém quer ser lesado, tendo que se contentar com uma parte menor que a da sua irmã. O bolo oferecido pelos pais pode ser dividido e distribuído sob o olhar atento de todos. A competição entre irmãos e irmãs é equilibrada? Claro que não: como os filhos em geral não têm a mesma idade, seguem-se diferenças na capacidade de competição. Considerem uma criança de quatro anos, e comparem-na à sua irmã, dois anos mais velha: esta é incontestavelmente maior, mais forte, mais inteligente. Assim, se o caçula acabar a refeição com uma fatia de bolo não menor que a de sua irmã mais velha, isso se deve sem dúvida à autoridade parental, que garante mais ou menos uma certa equidade. Outros recursos parentais são menos bem quantificáveis ou divisíveis, por exemplo, no plano emocional ou psicológico. Mas nem por isso deixam de ser disputados na fratria, pois são preciosos e limitados. Face à desigualdade fundamental entre os membros da fratria no que diz respeito a esta competição, como se comportam os mais velhos e os caçulas?

Por vezes, um espírito genial propõe com força uma teoria que abala um saber estabelecido: Copérnico, Newton, Lavoisier, Darwin, Einstein, para citar apenas alguns. No momento em que a nova teoria é proposta, aparecem logo opositores violentos e partidários entusiastas. Olhando de mais perto, percebemos que os mais velhos e os caçulas não se distribuem ao acaso entre oponentes e partidários: existe um excesso de representação de mais velhos entre os oponentes e um excesso de representação de caçulas entre os partidários. O resultado é idêntico para todas as teorias novas mudando a visão de mundo estabelecida, em todas as épocas. Por exemplo, foi esse o caso para o heliocentrismo (século XVI), mas também para a circulação sanguínea (século XVII), a evolução das espécies (século XIX), a deriva dos continentes e a relatividade (século XX). É curioso constatar que a aceitação ou a recusa das inovações de grande alcance é em parte explicada pela posição de nascimento. Isso indica que certos aspectos da personalidade são construídos no contexto das interações entre irmãos e irmãs. Um pesquisador propôs uma explicação relativamente simples: pelo fato de ter sido o primeiro, e também por sua vantagem na competição pelos recursos parentais, o mais velho tem todo interesse em manter as coisas tais como são na família e rejeitar os desvios à ordem estabelecida; os caçulas, por sua parte, vão agir de modo totalmente contrário. Chegamos assim a filhos mais velhos em média mais conservadores, e caçulas em média mais rebeldes, tendência confirmada por numerosos estudos. Mencionemos um exemplo histórico. Em 18 de janeiro de 1793, a morte do rei é submetida ao voto nominal dos deputados da Convenção nacional: os resultados mostram que os mais velhos votam de acordo com o interesse de sua classe: contra a morte do rei para as altas classes, pela morte, nas classes baixas; em cada classe, os caçulas fazem exatamente o contrário dos mais velhos. Devido ao voto dos caçulas, é difícil compreender os resultados caso seja levado em conta unicamente o interesse das classes sociais; mas considerando-se também os interesses familiares e a posição de nascimento, emerge uma explicação mais clara. Quanto aos deputados filhos únicos, seu voto não mostra uma tendência particular: portanto, o comportamento conservador dos mais velhos não é inato, mas construído em reação à chegada dos caçulas no ambiente familiar. Evidentemente, a personalidade de um indivíduo não se encontra definitivamente fixada no adulto, podendo sofrer variações com a idade; no que se refere à receptividade às teorias sobre a evolução do mundo vivo, durante os séculos XVIII e XIX, encontramos um nível similar de reações negativas se compararmos os filhos mais velhos quando jovens aos caçulas quando tinham 55 anos a mais que eles.

Uma parte de nossa personalidade é resultante das competições no interior da fratria, pelo acesso aos recursos parentais. É desta forma que se pode compreender porque dois filhos mais velhos, saídos de duas famílias diferentes, assemelham-se mais em sua personalidade do que um filho mais velho e um caçula da mesma família.

Divórcio e sogros

O pai e a mãe por vezes se separam, por múltiplas razões, por exemplo quando seus interesses tornam-se excessivamente divergentes. Na França, mais de 25% das crianças têm pais divorciados ou separados. Para uma criança, a separação de seus pais não é anódina: não podendo estar mais com seus dois genitores ao mesmo tempo, ela em geral recebe menos investimento parental, ao menos sob a forma afetiva que se manifesta na vida cotidiana. Evidentemente, é difícil medir essa diminuição. Mas comparando-se jovens adultos cujos pais se separaram ou não anos antes, pode-se observar o resultado indireto de uma baixa de investimento dos pais. Vários estudos independentes mostram que quando o menino pequeno não vive mais com seu pai, ele começa sua vida sexual um pouco mais cedo no momento da adolescência, e que o número de seus parceiros sexuais, numa dada idade, é mais elevado. Os mesmos efeitos podem ser encontrados nas meninas, e além disso, a idade das primeiras regras é adiantada, esses efeitos manifestando-se mais ou menos dependendo da idade da criança no momento da separação dos pais. Ainda não foram bem compreendidas as ligações entre as mudanças das características sexuais no que diz respeito tanto aos determinantes hormonais – a idade das regras, por exemplo – quanto aos comportamentos, como o número de parceiros. De onde se evidencia que há ainda muito a ser conhecido sobre o papel do pai em relação a seus filhos.

Algumas vezes, se ela vive apenas com sua mãe, pode acontecer da criança ser agraciada com um padrasto. É claro que essa nova pessoa tem um vínculo privilegiado com a mãe; a mãe e a criança têm também por essência vínculos muito fortes, devendo resultar daí laços estreitos entre o padrasto e a criança, o que aliás é observado algumas vezes. Mas a relação entre a mãe e o padrasto pode assumir tal importância que a relação entre a mãe e o filho acaba sofrendo com isso. Pode mesmo acontecer a chegada de meio-irmãos ou meio-irmãs, o que aumenta a competição pelo investimento parental, criando em princípio uma situação propícia ao conflito: como o padrasto é próximo de seus próprios filhos, ao menos geneticamente, terá uma tendência natural para orientar preferencialmente para eles seu investimento parental. A mãe, igualmente próxima de todos os seus filhos, não sofre essa tendência; mas sob a eventual influência do novo pai, seu investimento pode se tornar diferencial... O que realmente acontece?

Consideremos em primeiro lugar uma situação fora da vida cotidiana, excepcional: o infanticídio. Estudos estabeleceram que, nas sociedades ocidentais, para a criancinha entre zero e dois anos, a presença de um padrasto aumenta em 150 o risco de morte por infanticídio. Em certas sociedades tradicionais, por exemplo, os Yanomami da Venezuela ou os Tikopia da Oceania, o assassinato dos filhos pequenos pode ser uma condição para que as mulheres consigam se casar novamente. Sem dúvida, esta prática é estabelecida para acelerar o fim da amamentação e a retomada da ovulação, para que o investimento materno não seja dissipado com crianças que não sejam filhos do novo pai. Sob diferentes formas, reencontramos esse tipo de assassinato pelo novo macho em várias espécies de mamíferos, por exemplo, os gorilas, mas também os chimpanzés, os langures-da-canela-cinza, o cachorro-selvagem ou o leão. No Ocidente, o infanticídio devido ao padrasto é muito raro, e, em geral, não resulta de um assassinato intencional. Com mais frequência é consequência de maltratos, de um gesto inconsciente ou de simples negligência.

Diferentes medidas e avaliações permitiram constatar um menor investimento parental, em média, para os enteados do que para as outras crianças. Quais as consequências desse fato? No domínio educativo, por exemplo, no qual é muito importante o investimento parental, a presença de um padrasto diminui a probabilidade de se cursar os estudos superiores, e em geral o número de anos de estudo. Em caso de separação dos pais, a nota no exame oficial ao fim dos estudos secundários não é afetada; em contrapartida a presença de um padrasto é associada a uma diminuição média de 0,7 pontos na nota, provavelmente devido ao desvio do investimento materno que ele ocasiona. Da mesma forma, a idade em que o filho sai de casa, para os meninos não muda quando os pais são unidos ou desunidos, mas ela é adiantada no caso de famílias recompostas. Outros efeitos não têm uma interpretação clara, como a modificação de certos traços sexuais. O padrasto não tem efeito sobre a idade das primeiras regras das meninas, nem sobre o número de seus parceiros sexuais: sua presença, em compensação, diminui (de um ano) a idade da primeira relação sexual das meninas ou dos meninos, já adiantada (de seis meses) devido à baixa de investimento paterno após a separação dos pais.

Cinderela sofreu bastante com sua madrasta, e fez com que muitas gerações de crianças soubessem disso. Por que essa reputação detestável nos contos tradicionais, quando o padrasto parece tão perigoso quanto ela, senão mais? Talvez devido à forte mortalidade das mulheres no parto nos séculos passados, aumentando a proporção de madrastas e seus traços na memória coletiva. Mas outra explicação é possível. Tradicionalmente, é em geral a mãe que conta histórias e contos às crianças. Essa assimetria na transmissão oral pode ter desempenhado um papel: sem dúvida, a mãe prefere não denegrir a presença de um eventual padrasto, situação que ela talvez conceba sem temores, ao passo que a perspectiva de se ver substituída por uma eventual madrasta estaria muito longe de alegrá-la.

De qualquer forma, não devemos esquecer que estes resultados traduzem apenas uma tendência média: de acordo com as situações, os desvios são numerosos, os efeitos provocados pela presença de um padrasto podem ser ainda mais pronunciados, ou então menos marcantes; é até mesmo possível vislumbrar, do ponto de vista estatístico, uma pequena fração desses padrastos tendo efeitos benéficos.

Outros conflitos

Certos conflitos entre pais e filhos suscitam numerosas discussões, ocupando por vezes o espaço midiático, sem que sejam trazidos elementos claros permitindo compreendê-los. Comecemos evocando um conflito sem dúvida muito conhecido.

O complexo de Édipo

No mundo freudiano, o conflito entre pais e filhos ocorre num contexto totalmente diferente. O período crítico situa-se entre os dois e cinco anos. Freud considera que nessa época o menino pequeno entra em competição com seu pai pelo acesso sexual à mãe, o que induz a ameaças de castração da parte do pai, e por parte do menino, angústias e comportamentos hostis em relação a seu pai (o complexo de Édipo), o que deveria se resolver nos anos seguintes por uma renúncia à atração sexual em relação à mãe e por identificação com o pai. No caso das meninas, a situação é globalmente simétrica. Segundo Freud, o complexo de Édipo encontra sua realidade histórica num parricídio original, seu alcance humano universal localizando-se nas origens da religião, da cultura e da proibição do incesto.

A atração sexual do filho por sua mãe e da menina por seu pai, entre dois e cinco anos, é difícil de ser evidenciada: os contos para crianças não mencionam isso, e lembremos que eles abordam todas as questões e problemas específicos de cada idade; a tradição cultural não fala do assunto. Finalmente, os pais nada observam de especialmente sexual durante esse período, fora a curiosidade que caracteriza as crianças de qualquer idade. Mais formalmente, as pesquisas em vários países, sobre os filhos, mostram uma preferência pelo genitor do mesmo sexo, contrariamente à hipótese edipiana; os autores concluem que "não há nenhuma indicação que confirma o complexo de Édipo como um processo existindo na vida familiar ou o desenvolvimento normal da criança". O freudismo contorna essa dificuldade considerando que o conflito é somente interiorizado, sem manifestação exterior direta, não sendo portanto diretamente observável: um novo entrave à investigação surge aí, e torna-se então difícil submeter essa manifestação à prova da crítica científica. O que dizer ao menos sobre o parricídio original, ato fundador, segundo Freud, da cultura e da religião? É claro que existe um parricídio na lenda grega de Édipo, mas seria este tradicionalmente um tema frequente? Vamos dar a palavra ao historiador das religiões, Mircea Eliade, bem conhecido por seu estudo enciclopédico das religiões presentes e passadas: "Seríamos incapazes de desencavar um único exemplo de um pai assassinado nas religiões ou nas mitologias primitivas. Esse mito [do pai assassinado] foi criado por Freud". Difícil ser mais claro. Freud inventou o complexo de Édipo no início do século XX, época em que era corrente explicar fatos sem se levar em conta sua história, o que levava à proposição de teorias sem apoio sólido. As observações nas quais Freud se baseou eram mais interpretações pessoais apresentadas no contexto de uma construção teórica arbitrária: aliás, elas não foram confirmadas.

Como seus contemporâneos, Freud acreditava que a cultura não existe entre os primatas, o que o levava a pensar que a evitação do incesto era desconhecida entre os macacos. Sobre esse ponto e muitos outros, sabemos hoje que ele estava errado: entre os chimpanzés, por exemplo, os primatólogos afirmam que as fêmeas receptivas copulam com praticamente todos os machos do bando, mas nunca ou raramente com seu filho adulto, quer o pai deste último esteja presente, ausente, morto, ou seja desconhecido. A evitação dos cruzamentos entre aparentados, entre mãe e filho, por exemplo, tem nos mamíferos uma explicação genética (baseada na depressão da consanguinidade). Freud também se enganou de conflito: é verdade que existe um conflito pai-filho, mas ele se refere ao investimento parental, e não ao sexo. Ele ainda se enganou de idade: o conflito pelo investimento parental não se restringe particularmente ao período entre dois e cinco anos. Um conflito sexual entre pai e filho pode existir, mas mais tarde, no momento da adolescência, caso em que nunca está em jogo a mãe, mas outras mulheres, em geral mais jovens.

Atualmente, o complexo de Édipo faz parte da história das ciências, tendo sido relegado pelos pesquisadores à categoria das curiosidades do passado, ao lado da alquimia e outras teorias já obsoletas. A França constitui uma exceção: lá, o complexo de Édipo continua sua honrosa carreira no saber popular, e nunca deixou de ser ensinado por toda uma escola psicanalítica bem viva: no entanto, questionamentos começam a se anunciar.

A alquimia considerava que a matéria pode se transformar, o que não é falso. Entretanto, algumas verdades não são suficientes para se legitimar uma ciência fundada em considerações arbitrárias: depois da faxina, a química foi naturalmente muito mais longe. Do mesmo modo, certas ideias do freudismo não são falsas, mas o quadro explicativo não tem utilidade. Exemplo: a importância atribuída por Freud à primeira infância na determinação de comportamentos adultos, sem qualquer prova científica. Sabemos hoje que a preferência por tal ou tal parceiro sexual parece ser construída durante a infância a partir das características dos pais. Assim, uma menina tendo um pai idoso irá desprezar, quando adulta, pretendentes jovens demais: o menino fará o mesmo preferindo, para uma relação a longo prazo, uma parceira próxima das características de sua mãe quando ele era criança. O mesmo acontece com a cor dos olhos e dos cabelos. No caso de casais de etnicidade mista, os filhos irão preferir se casar com uma pessoa do mesmo grupo étnico que seu genitor de sexo oposto, tal efeito persistindo por ocasião de um segundo casamento. Como explicar esse efeito? Notemos que ele não se restringe ao homem: observa-se o mesmo num pássaro australiano, no carneiro e na cabra, o que limita a interpretação freudiana. Sem dúvida, tal fenômeno faz parte de um contexto mais amplo de aquisição de informações sociais pelo ambiente familiar, informações utilizadas a seguir para a escolha de parceiros: isso se observa entre os pássaros e os ungulados, por exemplo. Embora o fenômeno seja bem real, ele nunca foi bem estudado, e sua função não foi ainda plenamente elucidada.

A crise de adolescência

Seu jovem filho já cultiva a réplica e mostra vivacidade? "Preparem-se para a adolescência!" aconselham os mais experimentados: a adolescência, como sabemos, é um período de rebeldia, temido pelos pais. Como explicar a famosa "crise da adolescência"? Qualquer revista tratando do assunto irá informar que esse é o período em que os hormônios são produzidos intensamente, desencadeando numerosas mudanças morfológicas e fisiológicas ligadas à puberdade. Mas frequentemente acrescenta-se que a crise da adolescência resulta dessa produção intensa de hormônios: teríamos aí um efeito biológico irremediável, afetando psicologicamente o jovem adulto que está se formando, e com o qual é preciso se resignar. Talvez. Mas é perturbador constatar que nos séculos passados ninguém nunca designava a adolescência como um período de "crise". Por exemplo, ao se percorrer os escritos dos memorialistas dos séculos XVII e XVIII que, ao contar suas vidas e a dos outros descrevem todos os detalhes da vida familiar e social da época não encontramos uma única linha sobre o que poderia corresponder ao fenômeno social atualmente designado por "crise da adolescência".

Tomemos uma lupa para examinar os adolescentes daquela época. Luiz XIV e Luiz XV sobem ao trono com 13 anos; para os reis, é a idade da maioridade. Com nove anos, Louis-Joseph de Montcalm é nomeado porta-bandeira de um regimento: com 17 anos, torna-se capitão. Alexandre de Tilly seduz com 15 anos a belíssima amante de seu anfitrião, contamina-se com uma prostituta no dia seguinte e, com 16 anos, é ferido num duelo com espadas. Quanto a Casanova, ele se inscreve na Universidade de Pádua pouco antes de seus 14 anos. E as jovens adolescentes? Mme. de Genlis, entre 13 e 15 anos, frequenta cursos de canto, de harpa, pratica todos os dias durante horas, atua em peças de teatro para alegrar seu ambiente; já se encontra cotidianamente no meio de adultos, escuta e participa de discussões de salão, e é mesmo notada, ao menos por suas qualidades musicais, chegando a recusar um pedido de casamento. Deixemos a nobreza: é nos campos que iremos encontrar o jovem filho do camponês, em meio a outros camponeses, com a mão na massa quando é filho do padeiro, em sistema de companheirismo quando é aprendiz, etc. No momento da adolescência, e já desde vários anos, as crianças frequentam a companhia dos adultos, bem para além do limite familiar definido pelo parentesco. Evidentemente, o adolescente enquanto jovem adulto sem experiência é uma categoria reconhecida, a palavra datando do século XIII; mas esse jovem adulto já se encontra plenamente inserido na vida social dos adultos.

Então, o que aconteceu recentemente em nossa sociedade ocidental para que aparecesse essa rebelião pubertária? Uma coisa é clara: os adolescentes não estão mais no mundo social dos adultos. Eles se reúnem entre si, desenvolvem grupos de amigos com uma cultura comum, frequentemente delimitada por uma linguagem ou expressões particulares. Para essa vida social entre adolescentes, qual a serventia dos pais e sua autoridade, senão para desempenhar o papel de perturbadores? Como explicar que os adolescentes tenham abandonado a vida social dos adultos? Em primeiro lugar, há o fim do trabalho infantil: os deputados falam pela primeira vez sobre isso em 1840 e uma primeira limitação legal é instaurada, apesar de opositores que reivindicam a liberdade da indústria e alertam sobre suas consequências econômicas. Tal limitação deixa-nos boquiabertos: não mais de oito horas de trabalho cotidiano para os de oito-dez anos, e doze horas para os que têm entre 12 e 16 anos. Em seguida, as leis vão limitar cada vez mais o trabalho das crianças. Um segundo fator será decisivo: a crescente escolarização. Inicialmente limitado, a partir de 1882, às crianças de sete a treze anos, o ensino laico obrigatório estendeu-se até os 14 anos em 1936 e até os 16 em 1967. "Em princípio, a adolescência é um fenômeno dos meios favorecidos, que são os que aproveitam em primeiro lugar do desenvolvimento da escolarização [...] e onde o trabalho das crianças é, de qualquer forma, raríssimo [...] Essa idade da vida estende-se 'a seguir' progressivamente ao conjunto da sociedade para se transformar no fenômeno de massa, o que é hoje, após o fim da Segunda Guerra Mundial."

Um terceiro fator, mais recente, desempenhou sem dúvida um papel amplificador: a explosão da televisão na década de 60, tendo como consequência uma redução das interações sociais na família, mas também fora da família. Um habitante da pequena aldeia de Florensac, no Hérault, evocava recentemente os anos 60, a vida nas ruas à noite, em que os adolescentes não eram os únicos a se divertir, as visitas às casas de uns e de outros, a animação que reinava em toda a aldeia e a presença dos velhos, em seus bancos cativos. Tudo desapareceu com a chegada da televisão. Atualmente, na França, os adolescentes de 16 anos, meninas ou meninos, passam em média duas horas por dia na frente de uma tela de televisão ou de computador: apenas 5% dos franceses conseguem viver sem tela catódica.

A crise da adolescência não é inelutável em nossa sociedade, pois ela não diz respeito a todos os adolescentes: sem dúvida os pais desempenham um papel importante nesse processo. Os conflitos com os pais tendem a se reduzir por ocasião da adolescência quando, por exemplo, os pais conseguem dar ao filho um nível apropriado de autonomia no processo de aprendizagem e quando eles introduzem as regras da vida social de modo coerente e não autoritário. O grau de envolvimento do filho na rede social adulta de seus pais também desempenha um papel.

É claro que o jovem macho em busca de status sempre foi um elemento mais ou menos perturbador, em todas as sociedades e em todos os tempos; mas isso não é a origem da crise de adolescência: esse fenômeno social diz respeito aos dois sexos e não existia comumente na França há algumas décadas. De modo mais geral, o etnólogo das sociedades tradicionais nos diz que "os dados interculturais não mostram conflitos prolongados entre os adolescentes e os membros mais velhos da família ou outros adultos". Se a crise da adolescência é efetivamente causada pelos hormônios, ela o é apenas de modo aproximativo: as mudanças sociais recentes constituem sem dúvida uma via de explicação mais promissora.

Da família à sociedade

Vimos que a personalidade individual poderia em parte ser explicada pela posição de nascimento. Isso resulta sobretudo de estudos realizados em sociedades ocidentais, não representativas do conjunto dos modelos familiares e onde predominam as famílias nucleares. Em outros tipos de famílias, o resultado talvez seja diferente. Entretanto, o ambiente familiar, visto como uma matriz na qual são forjados o caráter e o comportamento, pode ser considerado numa perspectiva mais ampla, como propõe Emmanuel Todd. Um sistema familiar impondo por tradição um princípio de igualdade em todos os aspectos entre irmãos, inclusive herança e direito ao casamento, terá tendência a limitar os conflitos fraternos; um sistema familiar que recomenda aos irmãos que permaneçam na casa da família depois de casados, apresenta de alguma forma um contexto de vida onde a cooperação fraterna é, a longo prazo, benéfica. Se essas duas condições encontram-se reunidas, temos uma família dita de tipo comunitário; se for acrescentada uma regra limitando os casamentos ao seio desta grande família (os filhos dos irmãos não podem se casar entre si), temos uma família dita de tipo comunitário exogâmica, como existia, por exemplo, na Rússia, na Iugoslávia, na China e no Vietnã. Em todos os lugares em que predominou esse tipo de família, instalou-se um regime comunista durante o século XX. Segundo a ideia dominante, previa-se o advento do comunismo em países com forte população proletária, como a Inglaterra ou a Alemanha, e não em um país massivamente rural, com grandes excedentes agrícolas, como a Rússia às vésperas de 1917. De fato, tentando colocar em relação, em diferentes países, a porcentagem de operários na população ativa e o voto comunista, não encontramos grande coisa, essas duas variáveis não parecendo estar correlacionadas; o tipo de família parece ser uma melhor pista para se compreender as mudanças políticas. No fundo, seria surpreendente que o meio familiar não tivesse qualquer influência sobre nossa personalidade e nossos comportamentos adultos, pois o papel da família é exatamente preparar a criança para a vida social. Ela o faz sob diferentes formas, entre outras através da educação, mas segundo modalidades mais ou menos igualitárias, e num contexto mais ou menos autoritário. Consideremos duas famílias com modelos educativos divergentes, uma instaurando uma desigualdade entre o mais velho – futuro herdeiro – e os caçulas, a outra promovendo uma educação igualitária: muito provavelmente, os adultos provenientes dessas duas famílias não votarão da mesma maneira.

Conclusão

A família cria vínculos cujo papel sempre foi primordial na vida social. Nas sociedades tradicionais, um indivíduo rodeado de uma família numerosa sobrevivia melhor que um filho único sem tios nem primos, especialmente em situações gerando conflitos entre grupos. É fácil encontrar casos semelhantes entre os animais: um leãozinho, caso possua um irmão, terá mais chances de se reproduzir, devido à possibilidade, por uma aliança segura, já que fraterna, de tomar de assalto um grupo de fêmeas defendidas por outros machos.

Os vínculos familiares conduzem às dinastias, que têm como uma de suas formas atenuadas o nepotismo, tendência de uma pessoa ocupando uma alta posição de favorecer os membros da família. Evidentemente, em nossa sociedade moderna as dinastias não existem mais; isso não impede que haja ainda exemplos manifestos de nepotismo. Notemos que, em geral, os laços familiares mais fortes aproximam os indivíduos mais próximos geneticamente, mostrando claramente que a família não é apenas uma construção cultural.

A família é uma estrutura que evolui: nestas últimas décadas, por exemplo, o papel do pai nos cuidados diretos com os filhos aumentou consideravelmente na Europa e na América. Antigamente muito extensa, em geral, hoje, a família reduziu-se unicamente aos pais e, às vezes, a um único. Sem dúvida, isto repercute sobre os filhos; mas de qual maneira, e por quê? A ecologia familiar começa a trazer respostas, ainda insuficientes; mas ela é uma nova ciência, ainda bem jovem, em pleno desenvolvimento. Deve florescer e, eventualmente, pensar em fundar um lar.

Agradecimentos

Duas grandes motivações sustentaram este livro. Inicialmente a preocupação natural de saber qual tipo de alimentação eu devia dar ou não dar à minha filha, na época na escola maternal. Confuso com os conselhos alimentares, incoerentes e muitas vezes contraditórios, saturando as mídias, optei pela pesquisa de bases sólidas na literatura científica, buscando especialmente a compreensão propiciada pela abordagem evolutiva. Desde que esse saber foi constituído, ele forneceu a matéria do primeiro capítulo, mas este ainda estava longe de ser escrito. A segunda motivação é mais geral. Querendo difundir os resultados dessas pesquisas, muitas vezes acabei me deparando com a incredulidade. O mesmo aconteceu com os outros capítulos, que giram em torno de temas de pesquisas profissionais em biologia evolutiva humana. As conclusões de todos os temas abordados são provavelmente defasadas demais em relação às informações que habitualmente circulam nas mídias, e sem a exposição detalhada dos dados, da linha de raciocínio, do encadeamento das ideias e do apoio das referências, de fato fica difícil convencer. No entanto, algumas pessoas perceberam a importância da mensagem, e então me incitaram a expressá-la por escrito num estilo facilmente acessível. Esses encorajamentos – muitas vezes recorrentes – para que eu pegasse a caneta e começasse a lançar tinta no papel, devo-os especialmente a Alexandra Alvergne, Fanny Carrère e Marc Pastor, Alexandre Courtiol, Marianne Daubagna, Chloé e Yann Dix-Neuf, Charlotte Faurie, Cathy Jolibert, Olivia Judson, Fabienne Martin, Fadella Tamoune... Sem esquecer os muitos estudantes de pós-graduação, especialmente todos aqueles que expressaram com espontaneidade seu interesse pelo conteúdo de meus cursos a esse respeito.

Escolhi temas nos quais me parecia que a defasagem entre os conhecimentos atuais e as crenças difundidas pela mídia era particularmente forte. É isso que explica, em diferentes capítulos, certas conclusões que atualmente são consideradas politicamente incorretas. Para ajudar o leitor curioso, ou contentar o detalhista, ou ainda tranquilizar os desconfiados, tomei grande cuidado em citar as publicações, livros, trabalhos, estudos, pesquisas, etc., que são as referências científicas que baseiam todo este trabalho. A pesquisa e a gestão dessa massa de documentos não teriam sido possíveis sem a paciente competência de Valérie Durand.

Cada capítulo transformou-se de acordo com os comentários e reações dos primeiros leitores, que tiveram o ingrato papel de cobaia e que, ao mesmo tempo, foram investidos da pesada tarefa de não me poupar de nenhum tipo de crítica. Certas pessoas também me indicaram alguns documentos ou informações particularmente úteis. Assim, a forma e o conteúdo evoluíram, em especial, graças a Alexandra Alvergne, Sylvain Billiard, Luc Braemer, Maria-Luisa Broseta, Damien Caillaud, Raquel Calatayud, Jean-Claude Chevalier, Anna Cohuet, Alexandre Courtiol, Marianne Daubagna, Valérie Durand, Charlotte Faurie, Agnès Fichard, Guila Ganem, Évelyne Heyer, Cécile Huchard, Élise Huchard, Pierre Kengne, Mark Kirkpatrick, Anders Møller, Sandrine Picq, Florence Plénat, Simon Popy, Jean-Camille e Delphine Raymond, Mireille Raymond, Jacqui Shykoff, Priscille Touraille, sem esquecer Nicolas Witkowski em seu papel de editor.

Se as mensagens trazidas por cada capítulo tiverem ao menos uma pequena difusão, todas as pessoas citadas terão algum mérito nisso, na medida de sua contribuição, por vezes importante, como é o caso para Maria-Luisa Broseta. Qualquer falta de clareza do texto é responsabilidade minha, e é resultante de escolhas necessárias: conforme a redação progrediu, percebeu-se que para cada um dos capítulos teria sido necessário um lugar bem mais importante. Portanto, a precisão e a clareza estão aqui contrabalançadas com a concisão e o número dos temas abordados. Para ser acessível, o conteúdo científico teve que ser simplificado, mas espero que nunca tenha sido deformado.

Termino mencionando o Instituto das Ciências da Evolução, uma unidade de pesquisa unindo o CNRS e a Universidade de Montpellier-II, cujos diretores sucessivos, Nicole

Pasteur e Jean-Christopher Auffray, simplesmente confiaram em mim para as pesquisas em biologia evolutiva que aí desenvolvo. Este livro é uma expressão indireta dessas pesquisas, e conserva seu espírito.

Notas científicas

Introdução

Cro-magnon designa o *Homo sapiens* que chegou na Europa há 40 000 anos. Essa denominação, que não é mais utilizada nos meios científicos, geralmente não se aplica ao *Homo sapiens* que viveu a partir de 10 000 anos atrás, período do sedentarismo e da invenção da agricultura. A citação de François Jacob é retirada de Jacob (1999)[1]. O questionamento da teoria da evolução das espécies, a partir de argumentos científicos, implicaria numa reviravolta na maioria das ciências atuais (astrofísica, geofísica, geoquímica, etc.): acontecimento improvável, dados os sucessos da tecnologia moderna, que funcionam como provas adicionais da boa adequação das ciências atuais à realidade. Por essa razão pode-se afirmar que, cientificamente,

1. Jacob (1999) refere-se em "Referências citadas" p. 203, ao artigo de François Jacob, datado de 1999.

a evolução das espécies é tão certa quanto a existência dos átomos ou das galáxias. Sobre as explicações dos comportamentos animais pela biologia evolutiva, ver Danchin *et al.* (2005). Sobre a comparação dos macacos e do Homem, ver Picq & Coppens (2001) e o interessante artigo de Boesch (2007); sobre os surpreendentes resultados referentes a certas capacidades cognitivas dos chimpanzés, ver Inoue (2007); sobre a evolução genética recentemente acelerada no Homem, ver Hawks *et al* (2007). O exemplo do coelho e da raposa é de Dawkins (1982), ver p. 65. A biologia evolutiva leva em conta as forças que atuam no interior das populações naturais tradicionalmente nomeadas *forças evolutivas*, cujas principais são: a *mutação*, agindo cegamente e gerando mais variantes deletérias do que variantes benéficas; a *seleção natural*, enunciada por Charles Darwin em 1859, consiste em uma reprodução diferencial associada a um traço transmissível; a *recombinação*, reassociando os genes entre eles de uma geração à seguinte (ausente nas espécies sem reprodução sexuada); a *deriva*, pequena variação aleatória da frequência dos genes de uma geração a outra, variação tão mais importante quanto menor for o efetivo da população; a *migração*, que pode trazer genes ou combinações de novos genes numa população. Recombinação, deriva e migração, podem em certas situações opor-se à seleção natural, e explicar a presença de traços que não representam a melhor adaptação possível (fala-se nesse caso de má adaptação). Para uma introdução à biologia evolutiva, ver, por exemplo, Maynard Smith (1998), Futuyma (1998), David & Samadi (2000), Ridley (2004).

1. "À mesa!" A alimentação e a selva dos conselhos alimentares

Os conselhos alimentares são vagos quando eles se expressam sob a forma de um slogan, apresentado como uma regra a ser obedecida: é o caso do conselho de que se coma "cinco frutas ou legumes por dia", preconizado pelo Programa Nacional Nutrição-Saúde. Como as frutas são de tamanhos diferentes, o efeito evidentemente não é o mesmo se alguém comer cinco ameixas ou cinco bananas. Também devemos compreender que seria necessário comer cinco espécies diferentes de frutas ou legumes por dia. Qualquer que seja a interpretação, essa regra não possui justificações científicas: com certeza ela foi concebida para incitar as pessoas a consumir globalmente "mais" frutas e legumes, mas seu caráter quantitativo, que faz sua força enquanto slogan, torna-se sua fraqueza quando se planeja colocá-la em prática. Sobre a mistura dos gêneros nos conselhos alimentares: o pesquisador Jean-Marie Bourre faz uma longa defesa para incitar o consumo de patês, de frios, etc. (Joignot, 2006), mas não indica que ele preside o Comitê Científico do Centro de Informação sobre os frios, que visa claramente promover o seu consumo. Ele também ressalta o interesse dos cereais, sendo membro do Conselho de Especialistas da Associação Nacional dos Fabricantes de Farinha da França, e defende ardorosamente o consumo de ovos, sendo um especialista oficial do Comitê Nacional para a Promoção do Ovo (Julliard, 2006). Quem foi que disse: "se estivermos com fome, em vez de nos jogarmos sobre uma fruta, é melhor comer frios, pois isso corta o apetite"? Foi o Dr. Sérog, autor de um best-seller sobre a nutrição, mas que retira 40% de seus ganhos de suas atividades como consultor para negócios agroalimentares... Aliás, essa frase é retirada de um discurso promocional para uma marca de frios (anônimo, 2006). Poderíamos multiplicar os exemplos desse tipo. Assim, o psiquiatra David Servan-Schreiber, autor do best-seller *Curar o estresse*, que elogia abundantemente os ômega-3 enquanto cientista em seu livro, preside o conselho científico de Isodis Natura (que comercializa os ômega-3) sendo também um de seus principais acionistas (anônimo 2004).

* Os regimes alimentares

Sobre os efeitos das mudanças alimentares, ver Huff *et al.* (1982) para o exemplo do coelho. Sobre os aminoácidos, que os mamíferos não conseguem sintetizar, ver D´Mello (2003). Existem exceções, alguns mamíferos sendo dependentes de outros aminoácidos, por exemplo, aqueles encontrados em abundância em seu regime alimentar específico. ***A tolerância à lactose***. Sobre a distribuição mundial da tolerância à lactose, ver Simmons (1978) e McCracken (1971); sobre a coevolução genética e cultural vaca-homem, ver Beja-Pereira *et al* (2003); sobre o surgimento da intolerância à lactose, ver Toshkoff *et al* (2007) e Check (2006). Para uma exposição sucinta dos aspectos teóricos da adaptação local, ver Fisher (1958), Kirkpatrick (1996), Orr&Coyne (1992).

* O açúcar

Para a capacidade dos macacos de detectar o açúcar em função da quantidade de frutas em seu regime alimentar, ver Hladik e Picq (2001). No que se refere às fontes tradicionais de açúcar na Europa, por exemplo, na época romana, a frutose é o açúcar majoritário no mel, na uva, na maçã, na pera, no mirtilo, na groselha, na framboesa. Ele é majoritário, empatando com a glicose, no figo, na tâmara, na cereja, na romã, na amora, no marmelo. Ele é o segundo açúcar majoritário (seja após a glicose, seja após a sacarose) na ameixa, no morango silvestre, na melancia; é minoritário, como a glicose, no abricó, no melão e no pêssego (ver particularmente http://medsite.fr/medsite/–Les fruits–). Evidentemente, a seleção natural não irá trabalhar para que uma apreciação gustativa se desenvolva por um alimento desprovido de utilidade alimentar. Nossos gostos foram moldados por nosso regime alimentar, e entram aí componentes genéticos e histórias individuais. Um exemplo entre mil: os humanos são incapazes de metabolizar o agar-agar, um composto que para nós não tem qualquer sabor, encontrado em abundância em certas algas vermelhas. Sobre o poder adoçante dos açúcares, temos em ordem crescente: glicose, sacarose e frutose. É preciso 1,8 a 2 vezes mais sacarose para obter a mesma sensação doce proporcionada pela frutose. A citação é extraída de Drouard (2005), p.124. Sobre o consumo anual de açúcar: na Inglaterra, 6,8 Kg por habitante em 1815, para alcançar 54,5 Kg em 1970, ver Ziegler (1967); nos Estados Unidos, mais de 70 Kg por habitante em 1999, (http://www.cspinet.org/new/sugar_limit.html); o consumo anual francês é de cerca de 35 Kg por habitante (htpp: //www.firs.gouv.fr/frame.asp?niveau=2.2); notemos que, conforme as fontes, os números variam, mas a ordem de grandeza da progressão do consumo permanece a mesma, ver, por exemplo, Boudan (2004), p. 410. Sobre as ligações entre obesidade, resistência à insulina e diabetes de tipo II, ver Kahn *et al.* (2006). Sobre os detalhes da interação entre insulina e o hormônio do crescimento, ver Cordain *et al* (2002a) e as referências citadas. Sobre a síndrome X, ver Reaven (1994), o capítulo 5 de Cordain (2002) e Cordain *et al.* (2003). A miopia leve corresponde a uma diminuição de uma dioptria; as miopias fortes são caracterizadas por uma diminuição de três a nove dioptrias. Para uma análise detalhada e intercultural das causas alimentares da miopia, assim como uma explicação médica, ver Cordain *et al.* (2002a). A primeira ocorrência da palavra acne data de 1816 (*Trésor de la langue française,* http://atilf.atilf.fr/). Para uma análise detalhada e intercultural das causas alimentares da acne, assim como uma explicação médica, ver Cordain *et al.* (2002b) et Cordain (2006). Sobre a síndrome do ovário policístico, afetando 6% a 10% das mulheres ocidentais, ver por exemplo http://www.pcosupport.org/medical/whatis.php. Sobre os efeitos múltiplos das hiperinsulimias e do consumo de açúcar, ver Reaven (1994), Brand-Miller &Colagiuri (1999), Cordain *et al.*(2003), Ziegler (1967). Sobre o efeito de uma latinha de refrigerante suplementar ver Ludwig *et al.*(2001). Sobre o exercício físico, ver Chen (1999). Sobre os efeitos indesejáveis de uma alimentação rica em frutose, ver Wylie-Rosett *et al.* (2004). Como edulcorante vegetal citemos a brazeína, uma proteína que possui um poder 2000 vezes mais adoçante do que a glicose (a peso igual), e presente no fruto de *Pentadiplandra brazzeana*, trepadeira, grande arbusto originário das regiões tropicais da África oriental, e a monelina, proteína extraída de *Dioscoreophyllum cumminsii*, uma herbácea africana, tendo um poder adoçante 800 a 2000 vezes mais forte do que a sacarose. A maioria dos edulcorantes comerciais têm origens sintéticas, como por exemplo o aspartame e a sacarina. Segundo um estudo recente, o aspartame teria um efeito cancerígeno (Soffritti *et al.*, 2006): notemos que esse estudo, muito criticado por sua metodologia não convencional, deve ser confirmado. Outro estudo mostra que a sacarina favorece o hiperconsumo alimentar e a obesidade, devido à mensagem fisiológica incoerente entre o sabor doce e as calorias recebidas, enganando o sinal habitual de saciedade, ver Swithers & Davidson (2008).

* Óleos e vitaminas

Para um panorama geral do mito dos antioxidantes, ver Melton (2006). Alguns exemplos de efeitos deletérios: uma complementação em beta-caroteno aumenta os cânceres de pulmão nos fumantes; uma complementação em vitaminas C e E aceleraria a arteriosclerose nas mulheres em pós-menopausa; uma complementação em vitamina C aumenta os riscos cardiovasculares nas mulheres diabéticas em pós-menopausa; globalmente, os tratamentos com o beta-caroteno, as vitaminas A ou E aumentam a mortalidade, ver Waters *et al.* (2002), Lee *et al.* (2004), Bjelakovic *et al.* (2007) e The Alpha-Tocopherol Beta Carotene Cancer Prevention Study Group (1994). Sobre os óleos: antes da introdução do azeite de oliva, nota-se em diversos lugares a utilização de linho, gergelim, grãos de rabanete e frutos da moringa para os óleos alimentares, ver Brothwell & Brothwell (1998), Boudan (2004) p. 72. Os óleos insaturados, como o azeite de oliva, são preferíveis aos óleos saturados, como o azeite de dendê. Quando esses óleos são transformados por hidrogenização, para torná-los sólidos ou untuosos, apareceriam isômeros ditos "trans", que sem dúvida nunca existiram na alimentação humana. Sobre os riscos cardiovasculares associados aos ácidos grassos trans, ver Ascherio *et al.* (1994). Para outros exemplos de ligação entre mudança alimentar e saúde, ver Eaton *et al.* (1988), Cordain *et al.* (2002c; 2005), Eaton *et al.* (2002a; 2002b).

* Adaptações locais?

Sobre a variação cultural dos regimes alimentares, ver Schiefenhövel *et al.* (1997). Sobre a utilização do leite como laxativo em Bali, ver McCracken (1971). Sobre o cianuro nos grãos de abricoteiro: existem variedades cujas amêndoas são doces, que resultam do processo de domesticação sob o efeito da seleção exercida pelo Homem. Sobre o efeito das lectinas sobre a saúde, ver Cordain (1999), Cordain *et al.* (2000). Sobre a especialização do regime alimentar dos animais herbívoros, ver, por exemplo, Jermy (1984). Quanto ao milho, o tratamento alcalino pode ser realizado por meio de cal, de cinza de madeiras, etc. Ele permite tornar digerível uma proteína muito abundante no milho, que contém em particular ácidos aminados essenciais que se encontram em concentrações insuficientes nas outras proteínas do milho. Para mais detalhes, ver Katz (1974; 1987). Sobre as diferenças geográficas referentes ao desenvolvimento do diabetes tipo II ou uma resistência à insulina, e as outras manifestações da síndrome X, ver Kalhan *et al.* (2001), Dickinson *et al.* (2002), Lindeberg *et al.* (2003); sobre a hipótese de seleção histórica, ver Diamond (2003); sobre a interferência com o consumo de leite, ver Hugi *et al.*(1998). Allen & Cher (1996). Sobre as pimentas e a capsaicina ver Nabhan (2004); sobre a intolerância à sacarose (ou sucrose) ver McNair *et al.* (1972), Bell *et al* (1973); sobre os genes de amilase, ver Perry *et al.* (2007). Para o exemplo do tubérculo, ver Nabhan (2004), p. 175; esse livro contém numerosos outros exemplos. Ver também Agarwal & Goedde (1986), e principalmente Katz (1987). Sobre os riscos de câncer associados à soja ver Bouker *et al.* (2000), McClain *et al.* (2006), Trock *et al.* (2000; 2006).

* Conclusão

A citação é retirada de Boudan (2004), p. 415, que faz uma interessante análise histórica da evolução da alimentação, em particular sobre a origem da alimentação industrial e suas ambíguas relações com a saúde. Sobre a recente evolução da obesidade na França (atingindo 12,4% da população em 2006, contra 8,2% em 1997), ver a grande pesquisa epidemiológica Basdevant & Charles (2006). Um dos fatores sociais favorecendo o excesso de consumo alimentar seria a televisão, ver Temple *et al.* (2007). Sobre as consequências da obesidade sobre a saúde, em particular a mortalidade e a incidência dos cânceres, ver a grande pesquisa de Reeves *et al.* (2007) com 1,2 milhões de mulheres inglesas. Sobre uma resposta institucional limitando as incitações ao consumo de alimentos adoçados: os artigos 29 e 30 da lei nº 2004-806, de 9 de agosto de 2004, relativa à política de saúde pública parecem ser um pequeno passo nessa direção, aparentemente difícil de ser dado, devido à pressão dos lobbies, ver por exemplo Blanchard & Girard (2004).

2. Devemos auscultar nossos médicos? A medicina evolutiva

Sobre o eugenismo do início do século XX, assim como as formas modernas de eugenismo, ver Gayon & Jacobi (2006). Para o primeiro alerta médico ligado às consequências da talidomida, ver McBride (1961). Sobre a amamentação materna, ver Beaudry *et al* (2006). Para o artigo fundador da Medicina Evolutiva, ver Williams & Nesse (1991); um livro de divulgação foi publidado pouco depois, Nesse & Williams (1995), com uma edição de bolso um ano mais tarde, Nesse & Williams (1996).

* As doenças infecciosas

Sobre as diferentes interpretações dos sintomas, como resposta adaptativa ou como resultado de uma manipulação do agente patogênico, ver a apresentação detalhada e os numerosos exemplos em Ewald (1980). ***A febre.*** Sobre a experiência da ingestão de aspirina, ver Graham *et al.* (1990). O prêmio Nobel de Fisiologia e Medicina foi obtido em 1927 por Julius Wagner-Jauregg. Para a distribuição filogenética da febre, ver Kluger (1979) e Kluger *et al.* (1996). Evidentemente, para os animais de sangue frio, a regulação da temperatura é comportamental, mas a febre permanece adaptativa, como mostra, por exemplo, um estudo de um gafanhoto migratório infectado por um protozoário (Boorstein & Ewald, 1987). ***A guerra do ferro.*** As proteínas queladoras especializadas na captura do ferro na clara do ovo são as conalbuminas, cuja eficácia é máxima para o ferro. O sistema bacteriano de recuperação do ferro em concentrações muito baixas está baseado nos sideróforos. Sobre a baixa do ferro plasmático como adaptação contra os parasitas, particularmente com argumentos médicos, clínicos, experimentais, antropológicos e históricos, ver Weinberg (1984), Denic & Agarwal (2007). Uma forte deficiência em ferro acarreta uma anemia (uma fraca concentração de hemoglobina no sangue); sobre as consequências da anemia no período de crescimento, ver, por exemplo, Shafir *et al.* (2006). ***Mulher grávida e leite materno.*** Na França, existia recentemente um Programa Nacional Nutrição-Saúde 2001-2005, cujo objetivo geral era "melhorar o estado de saúde do conjunto da população, agindo sobre um dos determinantes maiores, que é a nutrição". Entre seus nove objetivos nutricionais específicos, podia-se encontrar: Reduzir a carência em ferro durante a gravidez (ver http://www.mangerbouger.fr/telechargements/pnns/intro/Pnns.pdf). Sobre a multiplicação de riscos de septicemia após uma injeção de ferro, ver Barry & Reeve (1977); sobre as consequências da administração de um suplemento de ferro a bebês em amamentação, ver Dewey *et al.* (2002). Sobre as consequências de uma alimentação exterior durante o período de amamentação, ver Beaudry *et al.* (2006), particularmente p. 164. Notemos que a lactoferrina, além de seu papel de captação do ferro, também é microbicida (ela pode matar bactérias, vírus e fungos). Sobre a variação da composição do leite de acordo com as espécies, ver Beaudry *et al.*(2006), p. 138.

* A alergia

A medicina descreveu casos de alergia desde o século XIX, sob outros nomes e sem compreender bem suas causas proximais (por exemplo, desde 1819 na Inglaterra, a febre do feno, mas ela atingia menos de 0,6% da população). A palavra alergia foi forjada em 1906 e ficou muito tempo confinada ao meio médico especializado, sendo que sua definição científica sofreu grandes mudanças no decorrer do século XX. A palavra aparece comumente nos dicionários ou enciclopédias destinadas ao grande público nos anos 50. Sobre a prevalência atual na

França, ver Charpin *et al* (1999). Sobre o tratamento da doença de Crohn com a ajuda de parasitas, ver Summers *et al.* (2005); existe também uma hipótese bacteriana quanto à origem desta doença, ver Xavier & Podolski (2007). Sobre uma visão mais geral sobre os parasitas intestinais e seu papel na alergia, ver Falcone & Pritchard (2005) e Flohr *et al.* (2006). Para uma extensão a outros tipos de parasitas, ver, por exemplo, a bactéria *Mycobacterium vaccae*, encontrada frequentemente na lama, utilizada para estimular o sistema imunológico diminuindo certas alergias, Camporota *et al.* (2003). Sobre as consequências alérgicas dos tratamentos intestinais das crianças do Gabão, ver Van den Biggelaar *et al.* (2004); ver também Correale & Farez (2007) para outro exemplo. Para uma visão geral desses efeitos sobre a alergia, ver Neukirch (2005). Para o efeito específico da posição de nascimento, do tamanho da fratria, da creche ou dos animais domésticos, ver Ball *et al.* (2000), Svanes *et al.* (1999). Para o efeito da vida rural, ver Braun-Fahländer *et al.* (1999). Sobre a complexidade de um órgão que é um sinal seguro da existência de uma função, há o exemplo célebre (início do século XX) das ampolas de Lorenzini, presentes na parte anterior da cabeça dos tubarões: devido à complexidade dessa estrutura, deduziu-se a existência de uma função, que permaneceu desconhecida durante meio século. Sabemos hoje que esse órgão fornece aos tubarões um verdadeiro sexto sentido eletromagnético, muito útil para a caça e para detectar as presas, mesmo escondidas. Para uma visão geral da hipótese adaptativa da alergia, ver Profet (1991). Sobre a diminuição da alergia associada à amamentação materna, ver Krull *et al.*

(2002), Van Odijk *et al.* (2003). Sobre o efeito indireto do tabagismo, ver Charpin (2005). Sobre os outros fatores, ver Guarner *et al.* (2006).

* Medicina e assuntos de mulheres

Sobre o duelo de Casanova, ver o capítulo VIII do volume 10 do tomo 5 de Casanova (1962). ***A contracepção.*** Sobre a história dos contraceptivos químicos modernos, ver Marks (2001). Sobre o controle dos nascimentos na Antiguidade Clássica, o caso do silphium e de modo mais geral a história da contracepção, ver Riddle (1992). Para mais detalhes sobre a análise dos compostos potencialmente abortivos ou contraceptivos nas plantas, ver Riddle (1997), particularmente para: anis, p. 31; aristolóquio, p. 31, 58-59; artemísia, p. 32 e 48; poejo-real, p. 46-47; arruda, p. 48-50; cenoura selvagem, p. 50-51; junípero, p. 54; babosa, p. 55-56; agno-casto, p. 57-58; sálvia, manjerona, tomilho, alecrim e hissopo, p. 61-63. ***As naúseas da mulher grávida.*** Sobre as características das náuseas da mulher grávida, ver Flaxman & Sherman (2000). Evidentemente, é difícil saber se as náuseas manifestam-se também em nossos primos, os grandes macacos; em compensação, os vômitos repetitivos que, por vezes, acompanham as náuseas nunca foram observados nas fêmeas em gestação. Existe também uma hipótese sobre a evitação das substâncias que interferem no embrião, no momento da formação dos órgãos, durante os três primeiros meses: ver Profet (1992); sobre a hi-

pótese da evitação dos riscos parasitários, ver Flaxman & Sherman (2000) e Fessler (2002). A forte prevalência, na França, de pessoas que tiveram contato com a toxoplasmose é provavelmente explicada pelo hábito alimentar de se consumir carne, muitas vezes, pouco cozida ("sangrentas" ou "mal passadas"). Isso diz respeito a mais de 50% dos franceses, ver Ambroise-Thomas *et al.* (2001). Constata-se efetivamente uma forte prevalência de bovinos (69%) e ovinos (92%) positivos a um teste sorológico, ver Cabannes *et al.* (1997). Devemos continuar medicando as náuseas das mulheres grávidas? Notemos que é praticamente impossível detectar certos efeitos secundários. No caso do destilbeno, preconizado para evitar abortos, o efeito deletério só se manifesta vinte e cinco ou trinta anos mais tarde na criança, e só é detectável pela sua importância (baixa muito forte de fertilidade). Podemos imaginar que um medicamento tendo por efeito secundário desconhecido diminuir o QI da criança em alguns pontos, passaria atualmente desapercebido. Sobre a correlação entre a presença de náuseas e a diminuição de abortos, ver Ronald *et al.* (1989); sobre a ligação entre a intensidade das náuseas e o peso da criança no nascimento, ver Zhou *et al.* (1999). Lembremos, entretanto, que os níveis extremos de náuseas e de vômitos, que os médicos chamam de *hyperemesis gravidarum*, não são de forma alguma adaptativos, e evidentemente necessitam de tratamento.
Parto e mortalidade materna. Para a tese de Céline sobre Semmelweis, ver Céline (1952). Sobre a história da mortalidade materna desde o século XIX, ver Loudon (1992); sobre os índices atuais da mortalidade materna na Europa, ver Sala-

nave *et al.* (1999) e H. (1973); no que se refere à França, ver Valin (1981), Coeuret-Pellicier *et al.* (1999), Bouvier-Colle *et al.* (2001); para estimativas no século XVIII na França rural, ver Gutierrez & Houdaille (1983). Sobre uma análise antropológica e histórica da posição da mulher no momento do parto, ver Schiefenhövel (1980) e Trevathan (1999).

* Medicina e adaptação local

Sobre as diferenças individuais: no caso de uma insuficiência cardíaca, um beta bloqueador (medicamento que bloqueia a ação dos mediadores do sistema adrenérgico) particular seria eficaz para os indivíduos possuindo uma variante de um receptor adrenérgico, e equivalente a um placebo para aqueles que não possuem essa variante, ver Liggett *et al* (2006); para os tratamentos da poliartrite reumatóide em função das variantes no lócus TYMS, e os conselhos para diminuir o colesterol em função das variantes da alipoproteína E, ver Simopoulos (1999). Sobre as diferenças entre os grupos humanos: para 4197 genes que se expressam num tipo de células sanguíneas, 939 expressam-se diferentemente nos chineses e nos europeus, ver Spielman *et al* (2007); o projeto PGENI busca sistematicamente, entre 150 genes, variantes entre grupos humanos, em ligação com efeitos farmacológicos, ver http://pgeni.unc.edu/ e numerosos artigos científicos aí citados; sobre as diferenças de coloração da pele entre grupos humanos, e as hipóteses adaptativas em ligação com o efeito UV sobre a vitamina D e o folato (ou vitamina B9), ver Jablonski & Chaplin (2000); sobre os efeitos sobre o embrião de uma deficiência de folato na mãe, ver Wilcox *et al* (2007) e MRC Vitamin Study Research Group (1991). Sobre os efeitos de uma deficiência em vitamina D resultante de uma pele excessivamente morena em relação ao ambiente local, ver Henderson *et al.*(1987) e Fogelman *et al* (1995); essa deficiência pode ser compensada por uma alimentação rica em vitamina D. Para outros exemplos de variações genéticas entre os grupos étnicos responsáveis por diferenças de eficácia dos tratamentos médicos, ver Bovet & Paccaud (2001).

* Conclusão

A automedicação entre os grandes macacos, principalmente o chimpanzé, é bastante estudada. Sobre a planta *Vernonia amygdalina*, utilizada pelos chimpanzés e os Homens para lutar contra as infecções parasitárias, ver Huffman (1995; 2002) e Huffman *et al.* (1998). Sobre a geofagia nos chimpanzés, em ligação com o aumento das propriedades medicinais da planta *Trichilia rubescens*, ver Klein *et al.* (2008). Sobre o efeito placebo, ver Lemoine (2006), a citação provém da pág. 174; ver também a entrevista de Patrick Lemoine em *New Scientist* de 16 de dezembro de 2006. Um estudo recente evidenciou o efeito placebo dos principais antidepressivos, entre os quais o Prozac (fluoxetina), ver Kirsch *et al.* (2008). Sobre a homeopatia comparada a um efeito placebo, ver Wayne *et al.*

(2003), Vickers (2000) e Linde *et al* (1999). Os inconvenientes que nossos corpos nos fazem passar não resultam somente de mudanças ambientais ou sociais, pois biologicamente nosso corpo não é perfeito. Isso resulta do compromisso entre seleções sobre traços diferentes, com uma vantagem para os traços com uma importância evolutiva imediata, por exemplo, aqueles em ligação direta com a reprodução, em detrimento da longevidade. É assim que se explica o envelhecimento programado de nosso corpo, e da maioria dos animais. Remediar esse tipo de imperfeição é difícil, devido à complexidade das interações que se encontram em jogo. Assinalemos as aplicações veterinárias da Medicina Evolutiva recentemente propostas (LeGrand & Brown, 2002). Sobre o progresso futuro da medicina, ver Nesse *et al.* (2006).

3. Sistema de reprodução e sistema político

Para um tratamento geral da competição espermática, ver Birkhead & Møller (1998); para os detalhes da copulação nos mosquitos, ver Clemens (1999). Sobre a guerra dos sexos, ver a abordagem experimental de Rice (1996) e Chapman *et al.* (1995), assim como a análise global vulgarizada de Judson (2004). O cio é o período durante o qual uma fêmea mamífera está sexualmente receptiva ("quente").

* A origem das guerras

Sobre a guerra nas sociedades tradicionais, ver, por exemplo, Knauf (1987), Haas (1990) e Wrangham & Peterson (1996). A respeito dos Yanomami: os *unokai* de mais de 40 anos têm em média duas mulheres e sete filhos, contra uma mulher e quatro filhos para os não-*unokai*, ver Chagnon (1998), assim como Lizot (1976); a citação provém de Chagnon (1997), p. 189, traduzida de "*although few raids are initiated solely with the intention of capturing women, this is always a desired benefit*". A citação sobre os índios Caraíbas provém de Lubbock: *The Caribs supply themselves with wives from the neighbouring race*". A citação sobre a escrita mesopotâmica provém de Bottéro (1995). Para as citações bíblicas ver por exemplo as "Regras para a guerra", Deuterônomio, 20,12-14: (...) "e golpearás todos os homens com o fio de tua espada. Apenas guardará como despojo de guerra as mulheres, as crianças, o gado e tudo que existe na cidade..."; em 2 Crônicas 29,9: "Eis que nossos pais tombaram pela espada e nossos filhos, nossas filhas e nossas mulheres estão em cativeiro." A descrição dos ritos para um casamento com uma prisioneira encontram-se em Deuterônomio, 21, 11-14. Sobre as últimas incursões dos piratas no Mediterrâneo para capturar jovens mulheres para os haréns orientais, ver Bouthoul (1991), p. 130. Sobre as guerras entre os chimpanzés, ver Wrangham & Peterson (1996), particularmente p. 70 e nota 9, p. 271-272 para os aspectos quantitativos. Sobre a homologia das guerras humanas e a dos chimpanzés, ver Manson e Wrangham (1991). Evidentemente, as guerras modernas não podem ser explicadas de forma tão fácil, devido, por exemplo, às estruturas internas de obrigações (conscrição, etc.) e pela importância das disputas materiais, que não têm qualquer equivalente nas sociedades pouco hierarquizadas e em nenhuma espécie animal; sem esquecer por vezes disputas ideológicas.

*As mulheres: o futuro de alguns homens?

Para os Nambikwara, ver Lévi-Strauss (1955), citação p. 334; para os Bosquímanos (ou San), ver Marshall (1959), particularmente p. 346; com referência a outras sociedades tradicionais: para os Achés, ver Kaplan & Hill (1985), para os Kipsigis, ver Borgerhoff Mulder (1990). Atualmente, nos Camarões, podem ainda ser encontrados, principalmente no norte do país, chefes tradicionais totalizando algumas dezenas de mulheres; são por vezes *businessmen* que fizeram fortuna e que foram então nomeados chefes (P. Kengne e A. Cohuet, como pers.). Sobre o tamanho dos haréns no século XIX entre os Bemba, Suku, Mvele e diversas etnias dos Camarões, ver Laburthe-Tolra (1981), particularmente a nota 36, p. 432; para os Zande, o rei do Daomé e os Ashanti, ver Betzig (1986). As referências históricas sobre o tamanho dos haréns encontram-se em Betzig (1986) e Dickemann (1979). A contagem do harém de Dario III está relatada numa carta de Parmênion a Alexandre o Grande, ver Boudan (2004), p. 141 para as referências. Para as referências bíblicas, ver Roboão, 2 Crônicas, 11-21; Cântico dos cânticos, 6,8; Salomão, 1 Rei 11,3; Xerxes, Ester,

2,2-4, 2,7 e 2,19; as citações são retiradas de Anônimo (1982). Sobre o harém do imperador sassânida Khosrô II, ver http://en.wikipedia.org/wiki/Harem. Sobre o recorde do rei Udayama, ver Betzig (1993). Para os gorilas das planícies do oeste, o recorde do tamanho de harém é de onze fêmeas (D. Caillaud, com. pess.). Para os elefantes do mar, o tamanho médio do harém é de 11-13 fêmeas na Patagônia, 20-250 nas ilhas Kerguelen e 100-300 nas ilhas Macquarie, com tamanhos máximos respectivos de 134, 1350 e cerca de 1000, ver Campagna *et al.* (1993), Van Aarde (1980) e Fabiani et al. (2004).

* Reprodução diferencial

Sobre os filhos de Moulay Ismail, ver Einon (1998) e Gould (2000); sobre a otimização reprodutiva dos haréns na China e a utilização de fertilidade no ciclo menstrual, ver Beltzig (1993) e Van Gulik (1971), p. 42; sobre o cálculo do número de filhos que é possível gerar: levando-se em conta apenas o período de fertilidade (em média seis dias por vinte e três fora do período da menstruação), aumenta-se a esperança do número de filhos por um fator 23/6. Para Moulay Ismail, aplicando-se este cálculo com todas as outras variáveis constantes (e supondo-se 1,2 copulações por dia), isso daria por volta de 3400 descendentes. No início do século XX, um observador da região indiana de Hyderabad registra que o príncipe proprietário do harém tornou-se pai de quatro filhos em uma semana, e que nove outros eram esperados para a semana seguinte;

nesse ritmo, isso perfaz por volta de 339 filhos por ano; ver Dickemann (1979). Sobre os haréns romanos, ver Betzig (1986), sobre as regras de passagem de escravo a homem livre ver Veyne (1999); sobre a interpretação dos libertos, ver Betzig (1992a). Para as citações, ver Haechler (2001), p. 317 (Luiz XV), p. 378 (Monsenhor Dillon), p. 173 (Richelieu); sobre Choiseul, ver Chaussinand-Nogaret (1998) et duque de Choiseul (1982), nota 68 p. 315; sobre o Regente, ver Jomand-Baudry (2003), p. 130.

* Poliginia, monogamia e primogenitura

De maneira geral, existe um leve excesso de meninos no nascimento, o que é compensado por uma leve sobremortalidade masculina, o que leva a uma razão-sexual equilibrada por volta do início do período reprodutivo. Existem também variações de acordo com certas categorias, Bereczkei & Dunbar (1997), Lienhart e Vermelin (1946) e James (1987) ou de acordo com a temperatura, Helle *et al.* (2007), etc. Numerosos fatores modificam a razão-sexual após o nascimento, por exemplo, o infanticídio das meninas, praticado em muitas sociedades. Nesse caso, há menos de uma mulher por homem, em média. ***Esses romanos são loucos?*** Sobre a transmissão do patrimônio entre os romanos, ver Veyne (1999), p. 40. Sobre a interpretação das leis de Augusto, ver Betzig (1992b). Sobre a interferência da Igreja na fecundidade dos casais, e sobre os conflitos mais velhos-caçulas, ver Betzig (1995). Sobre o casamento e a vida marital dos padres: encontramos mais ou menos sistematicamente, nos diferentes concílios e declarações papais, uma condenação do casamento ou do concubinato dos padres, o que indica que esse estado não era raro e perdurava (ver por exemplo os cânones 3 e 21 do Primeiro Concílio de Latrão, em 1123), o último papa casado foi Félix V (século XV); Inocente VIII (XV°) foi o primeiro à reconhecer seus filhos ilegítimos; o último foi Gregório XIII (XVI°). As regras de transmissão dos bens variam muitas vezes em função da posição sócio-econômica, a primogenitura sendo frequente ou preponderante nas classes elevadas. Também há variações geográficas, por exemplo das regras igualitárias de transmissão entre os plebeus do norte da França no tempo do Antigo Regime. No Béarn, as mulheres podiam herdar, mas segundo Bourdieu "... a necessidade de manter a todo preço o patrimônio na linhagem pode levar à solução de desespero, consistindo em confiar a uma mulher o encargo de garantir a transmissão do patrimônio, fundamento da continuidade da linhagem, no caso de força maior constituído pela ausência de qualquer descendente masculino e somente nesse caso." Ver para mais detalhes: Bourdieu (1972), Flandrin (1995), particularmente p. 88-93, Augustins (1989) e Hrdy & Judge (1993).

* Despotismo

Sobre o uso de atribuição de mulheres aos reis ou imperadores: para os imperadores romanos e o rei de Daomé, ver

Betzig (1992a), e Betzig (1986), particularmente p. 70; para Luiz XIV, ver Mme de Caylus (1986), particularmente, p. 83; Mme. de Mostespan era de uma beleza surpreendente, conforme afirmação de Mme de Sévigné: ela deu sete filhos ao rei. Sobre Napoleão, ver Masson (1894), particularmente p. 61. Sobre a desigualdade da justiça, ver Betzig (1986), p. 45; sobre o exemplo dos Tlingit, ver Oberg (1934), citado em Betzig (1982).

* E agora?

Sobre o acesso sexual em função da posição sócio-econômica, ver Pérusse (1993); notemos que há outros tipos de status que introduzem diferenças, por exemplo, os atletas que têm em média mais parceiras sexuais que os não-atletas, e os melhores atletas têm ainda mais, ver Faurie *et al.* (2004). Sobre o número de filhos em função da posição sócio-econômica, ver Fieder *et al.* (2005) e Fleder & Huber (2007). Um dos mecanismos possíveis seria a poliginia sequencial que hoje é realizável graças à facilidade do divórcio ou das uniões livres: tendo filhos com sucessivamente várias mulheres, um homem pode ter em média um número de filhos maior do que permanecendo com uma única mulher. Sobre as possibilidades femininas de controle da reprodução, ver Baker & Bellis (1994) e Platek & Shackelford (2006); sobre a variação da taxa de filhos ilegítimos em função do status social, ver Cerda-Flores *et al.*

(1999); sobre exemplos animais dessa variação (sempre uma taxa de filhos ilegítimos mais baixa para os indivíduos de status social mais forte), ver por exemplo Møller (1994) e Lindstedt *et al.* (2007). Sobre as definições do matriarcado, aquela mencionada encontra-se na maioria dos dicionários ou obras publicadas por Larousse: por exemplo, no glossário de Tamisier (1998), o *Petit Larousse illustré* de 1998, o *Petit Larousse* de 2001, etc. Um dos raros dicionários que reconhece o problema é o *Diccionario enciclopédico universal,* 1985 (citação original: "*hay que decir que rara vez ha existido un matriarcado puro*"). Nos velhos dicionários encontramos por vezes exemplos fantasistas, por exemplo, "o matriarcado existe em muitas tribos negras da África do Sul" (*Larousse pour tous,* c.1907, *Nouveau Petit Larousse illustré,* 1924): esse exemplo fantasista é ainda citado na edição de 1948, mas não mais naquela de 1956. É J. K. Bachofen (1815-1887) que introduziu o matriarcado num livro de 1861, *Das Mutterrecht* (A lei da mãe). Certas etnias podem apresentar estruturas sociais que se aproximam do matriarcado, mas sem corresponder completamente a isso, por exemplo os Moso do sudoeste da China. Entre os primatas, podemos qualificar de políticas as manipulações que permitem adquirir ou manter uma posição influente em um grupo, ver de Waal (1989) e de Waal & Lanting (1997). Sobre a importância do tamanho para o sucesso reprodutor no homem, ver Pawlowski *et al* (2000) e Nettle (2003). Para a fábula de La Fontaine, trata-se dos *Animais doentes da peste.*

4. Mulher-homem, quais diferenças?

A citação de Cioran (1987) foi retirada da p. 65; a segunda citação é de um discípulo de Claude Lévi-Strauss, François Héritier (2007). Encontramos em todas as épocas citações sobre as diferenças entre homens e mulheres, geralmente desfavorecendo as mulheres, por exemplo: "[A mulher] é receptiva e conservadora. [O homem] revolucionário e criador", Faure (1957); ou então: "Como está demonstrado de uma vez por todas que o homem e a mulher não são nem devem ser constituídos igualmente, em caráter e temperamento, segue-se que eles não devem ter a mesma educação", Jean-Jacques Rousseau (1966), p. 473. Simone de Beauvoir (1949) relata algumas, como a de Aristóteles: "Devemos considerar o caráter das mulheres como sofrendo de um defeito natural" (p.17); Claude Mauriac: "Escutamos com um tom de indiferença educada [...] a mais brilhante dentre elas, sabendo bem que seu espírito reflete, de modo mais ou menos claro, ideias que provêm de nós" (p. 28); São Tomás: "É constante que a mulher está destinada a viver sob o domínio do homem e que não possui por si mesma qualquer autoridade" (p. 159); Augusto Comte: "As mulheres e os proletários não podem nem devem tornar-se autores (p. 192), etc.

* Diferenças macho-fêmea no mundo vivo

Para as espécies que apresentam diferenças morfológicas entre os sexos, como o leão, machos e fêmeas podem ser imediatamente diferenciados sem necessidade de exame das partes genitais, mas esse critério geralmente não é aplicável para os jovens, pois as diferenças morfológicas, como a juba, desenvolvem-se principalmente no início da vida adulta. Outros tipos de marcadores do sexo, mais ou menos absolutos, existem em certas espécies, e não são generalizáveis para outros mamíferos; por exemplo, os gatos com pelagem tricolor são fêmeas. A hiena manchada possui um pseudo-pênis e também um pseudo-escroto (uma imitação morfológica dos testículos); a inspeção visual da região genital é insuficiente para se reconhecer machos e fêmeas, sendo necessário um atento exame manual; para uma explicação evolutiva desse mimetismo sexual, ver Muller (2002). A inversão dos papéis dos sexos é conhecida em onze espécies de pássaros, entre os quais os falaropos, as jaçanãs, a tarambola-carambola, ver Cézilly & Danchin (2005), p. 308. Sobre os cavalos-marinhos machos que dão à luz: as fêmeas depositam seus óvulos na bolsa incubadora do macho, que os fecunda e os incuba até a eclosão. Sobre as diferenças de tamanho entre machos e fêmeas, ver Fairbairn *et al.* (2007). Os indivíduos hermafroditas (numerosas plantas, moluscos, etc.) produzem dois tipos de gametas, frequentemente através de órgãos distintos. A relação de tamanho entre o óvulo e o espermatozóide varia de uma espécie a outra, e é bem maior para os pássaros, o óvulo tendo o tamanho de um ovo. ***Seleção sexual.*** Sobre os modelos de evolução em direção a gametas desiguais, ver Parker *et al.* (1972), Bell (1978) e Maynard Smith (1978). Encontramos todas as esquisitices sexuais na natureza: elas resultam de seleções particulares: por exemplo, a inversão de papéis em algumas espécies (as fêmeas lutam entre elas para ter acesso aos machos, pois estes incubam os ovos e criam os jovens), a ingestão do macho pela fêmea para uma produção de gametas à vontade, as técnicas copulatórias particulares para garantir a paternidade, o mimetismo sexual, etc. Para detalhes e explicações, ver Judson (2004). Sobre as plumas caudais da andorinha, ver Møller (1988;1994); para as outras espécies e outros exemplos, ver Danchin & Cézilly (2005). ***São as mamas femininas?*** A lactação feminina foi descrita em uma única espécie de morcegos da Malásia, ver Francis *et al.*(1994); sobre a importância dos cuidados paternos entre os mamíferos, ver Clutton-Brock (1991). Sobre o *leite de feiticeira*, ver Lyons (1937); sobre os raros casos de verdadeira amamentação paterna e sobre os sobreviventes de campos de concentração, ver Greenblatt (1972); ver também Diamond (1997), particularmente o capítulo 3. ***Os animais-modelo***. Com relação ao nematódeo *Caenorhabditis elegans*: sobre as diferenças na composição do sistema nervoso, ver http://www.wormatlas.org/maleHandbook/GenIntroMalePartII.htm; sobre a especialização sexual das células, ver Meyer (1997); sobre a expressão diferencial dos genes de acordo com os sexos, ver Jiang *et al.* (2002). Com relação à drosófila: sobre a expressão diferencial dos genes segundo os sexos, ver Parisi *et al.* (2003), assim como Olivier e Parisi (2004) que avaliam que a porcentagem de genes que se expressam diferentemente entre os sexos aproxima-se de 50%. Sobre o camundongo: sobre o dimorfismo sexual, ver Dewsbury *et al.* (1980) e Burgoyne *et al.* (1995); sobre a expressão diferencial dos genes segundo o sexo ver Yang *et al.* (2006). Sobre os outros animais, ver Cooke *et al.*(1998) e Ellengren & Parsch (2007). ***Nossos primos os macacos.*** Para o gorila das planícies do Oeste, criado em cativeiro, o peso médio de uma fêmea é de 71,5 Kg, e o do macho, de 169,5 Kg (razão de 2,4), ver Rowe (1996). Também é interessante para as fêmeas escolherem os machos mais fortes, que irão protegê-las melhor dos predadores e que também lhes darão filhos mais fortes, que irão se reproduzir mais. A escolha das fêmeas, é provavelmente subestimada entre os gorilas: os dois efeitos, competição entre machos e escolha das fêmeas, possivelmente agem em conjunto nessa espécie, ver Sicotte (2001). Sobre a diferença do número de pigmentos para perceber as cores entre machos e fêmeas em certos macacos do Novo Mundo, ver Jacobs (1995), Regan (2001), Surridge (2003). Sobre as consequências ecológicas dessa diferença, ver Caine & Mundy (2000), Melin *et al.*(2000) e Saito *et al.* (2005). Sobre as diferenças cognitivas entre os sexos, ver Herman & Wallen (2007).

* Quais performances físicas?

Sobre as características genéticas de certos campeões, ver Yang *et al.*(2003). Sobre a influência social que contribui para as diferenças esportivas em natação, ver Deaner (2007); sobre as diferenças biológicas quando é levada em conta essa influência social, para a corrida a pé, ver Deaner (2006a; 2006b) e Geary (2003), p. 251. Sobre as diferenças biológicas entre homens e mulheres no arremesso, ver Thomas & French (1985) e Geary (2003), p. 252-253. Sobre as violências nas brincadeiras das crianças e dos jovens animais machos, ver Hines *et al.* (2002) e Geary (2003), p. 268-269.

* Quais performances cognitivas?

Sobre as diferenças anatômicas entre os cérebros dos homens e das mulheres, ver Gur *et al.* (1999), Davatzikos & Resnick (1998), Goldstein *et al.* (2001); sobre as diferenças quanto aos neurotransmissores, ver Cahil (2006); sobre as diferenças funcionais em relação à linguagem, ver Shaywitz *et al.* (1995). Isso suscitou uma reinterpretação prudente (Sommer *et al.*, 2004.), mas os últimos estudos, exceto um (Kaiser *et al.*, 2007), confirmam a existência de diferenças, ver Clemens *et al.* (2006), Wirth *et al.* (2007), Chen *et al.* (2007); sobre a diferença de expressão dos genes, ver Vawter *et al.* (2004), Dempster *et al.* (2006), Rinn & Snyder (2005). Notemos que uma quantificação global do número de genes que se expressam de forma diferente no cérebro de cada sexo não parece ainda ter sido realizada para nossa espécie. Sobre as performances diferentes entre os sexos, ver Geary (2003): domínio da linguagem, p. 307-315; expressões faciais, p. 320-351; representação mental, p. 220-221; memória da localização, p. 339, teste de rotação mental , p. 336-337; velocidade e trajeto de um objeto, p. 332--333; cartografia mental, p. 337. Sobre as diferenças de prevalência das formas extremas de funcionamento mental, ver

Holden (2005), Skuse (2000) e Tallal (1991). A citação sobre os cérebros diferentes é de Davies & Wilkinson (2006), texto original: "... *there is now a body of evidence that men and women differ, consistently, across a range of neuropsychological domains.*"
As origens das diferenças. A respeito da influência hormonal sobre certas capacidades cognitivas, ver Geary (2003), especialmente: *fluência verbal*, p. 311-312; *teste de rotação mental*, p. 341. Sobre a resistência à dor modulada socialmente, ver Melton (2002). Sobre a importância do status social sobre a morfologia do cérebro no rato-toupeira, ver Holmes *et al* (2007). Sobre as mudanças morfológicas do hipocampo dos taxistas, ver Maguire *et al.* (2000, 2006); para outros exemplos de mudanças morfológicas, ver Elbert & Rockstroh (2004); sobre a violência que modifica o funcionamento do cérebro, ver Elbert *et al.* (2006). Sobre as diferenças de atração do recém-nascido, ver Connellan *et al.*(2000); sobre as tentativas de se reverter as preferências menino-caminhão e menina-boneca, ver Postel-Vinay (2007), p. 241; sobre as preferências similares em um cercopiteco, ver Alexander & Hines (2002). Sobre a generalidade da cor rosa entre as meninas e sua interpretação, ver Alexander (2003), Ling *et al.*(2004), Picariello *et al.* (1990), Hurlbert & LIng (2007). A tricromacia permite, a partir de três cores ditas primárias, reconstituir todas as cores perceptíveis por nossa espécie, o que é o princípio da "cor" das reprografias e da televisão. Sobre a vantagem dos homens dicromáticos ver Saito *et al.* (2006); a respeito de mulheres tetracromáticas ver Jameson *et al.*(2001) e Neitz & Neitz (1998), especialmente p. 116.

* Conclusão

Sobre a atribuição da origem do autismo aos pais: "Exponho minha convicção de que o fator determinante no autismo infantil é o desejo do genitor de que seu filho não exista" (Bettelheim, 1967, *La forteresse vide*); sabemos hoje que a criança nasce autista, que o comportamento dos pais não conta em nada para isso, que existem fatores genéticos, mas também fatores ambientais; sobre a impostura de Bettelheim, ver Pollack (2005); sobre os aspectos genéticos do autismo, ver por exemplo: Yang & Gill (2007). Sobre os aspectos sociais que influenciam as diferenças entre os sexos, ver por exemplo Tabet (2004), assim como o capítulo 3 acima. Citação original: "*Sex does matter. It matters in ways that we did not expect. Undoubtedly, it matters in ways that we have not yet begun to imagine*", ver Cahill (2006).

5. A homossexualidade

A citação original do conferencista é: "*People discover rather than choose their sexual interests*"; a conferência, que foi mantida e ocorreu em 2002, baseou-se num artigo publicado no ano seguinte, ver Quinsey (2003). No mundo político, sobre o fato de se nascer ou não homossexual, segundo Michel Onfray, que entrevistou Sarkozy: "Sarkozy considerou, nesse momento de nossa entrevista, que a homossexualidade, como a pedofilia, era genética, ver F. (2007); Sarkozy também afirmou "ter nascido heterossexual" (*Libération* de 12 de abril de 2007). Um exemplo de reação partidária a esse respeito: "O Coletivo *Pasde0deconduite* ergue-se vigorosamente contra as alegações de biologização dos comportamentos que arruínam qualquer possibilidade de construir ações para uma prevenção, previdente, humanizante e ética. Tais pontos de vista confiscam a liberdade de um ser humano "de se tornar aquele que ele escolheu ser" (A. Jacquard)", ver http://www.pasde0deconduite.ras.eu.org/article.php3?id_article=96.

* A hossexualidade nos animais

Os comportamentos homossexuais nos animais estão resumidos em Bagemihl (1999), Volker &Vasey (2006) e Dixson (1998); sobre o bonobo, ver de Waal *et al.* (1997); sobre o gorila das montanhas, ver Yamagiwa (2006) e Robbins (1996). Encontramos verdadeiros machos homossexuais numa espécie domesticada, o carneiro: Roselli *et al.* (2002).

* Os comportamentos homossexuais socialmente impostos

Sobre as práticas homossexuais entre os Papuas, ver Schiefenhövel (1990) e Herdt (1984). Sobre a homossexualidade entre os Indo-europeus, ver Sergent (1996), especialmente o capítulo 1 (homossexualidade pedagógica), p. 377 e

404 (Esparta), p. 628 (Celtas, Germanos, Gregos, Albaneses e Indo-Iranianos). Sobre os comportamentos homossexuais nas prisões, ver Berman (2003), p. 447-448.

* A preferência homossexual no decorrer dos séculos

Sobre as preferências homossexuais de pessoas célebres, ver Norton (1997), especialmente p. 55 para Oscar Wilde, p. 38 sobre Leonardo da Vinci e Michelangelo, p. 48 sobre Zenão, Alexandre o Grande, Virgílio e Platão, p. 101 sobre o imperador chinês: para André Gide, que teve, entretanto, uma filha natural, ver http://fr.wikipedia.org/wiki/André_Gide; sobre os "sodomitas" do século XVIII na França e na Inglaterra, ver Bachaumont (1943), p. 163, 167, 247 e 283 e Trumbach (1989; 1991); sobre a homossexualidade do irmão de Luiz XIV, ver http://fr.wikipedia.org/wiki/Philippe_de_France (1640-1701); sobre Mohammed V, ver Bouthoul (1991), p. 435; sobre os Tchuktches, ver Sverdrup (1938), p. 125-126; sobre os Bagisu, ver La Fontaine (1959), p. 60; sobre os Kuma, ver Tice (1995), p. 31, 59, 73-74; ver também os *muxes* dos Zapotecas contemporâneos, Pêcheur (2008), sobre Arquíloco, ver Sergent (1996), p. 341; para outros exemplos, ver também Veyne (1981) e Murray (2000).

* Os determinantes biológicos

Sobre as tentativas de tratamento da homossexualidade, ver Le Vay (1996), p. 110-114, Berman (2003), p. 111, Diamond (1996), e http://news.bbc.co.uk/1/hi/magazine/mond/3258041. stm. A respeito do efeito irmão mais velho, ver Blanchard & Bogaert (1996a; 1996b) e Bogaert (2006); sobre a proposição de mecanismo imunológico que permanece uma hipótese, ver Blanchard & Klassen (1997); sobre a quantificação do efeito irmão mais velho, ver Cantor *et al.* (2002). Sobre os estudos de gêmeos, ver Whitam *et al.*(1993), assim como Bailey & Pillard (1991), Balley *et al.*(1999), Kendler *et al.* (2000), Diamond & Skyler (2004), e Van Beijsterveldt *et al.* (2006); sobre os gêmeos criados separadamente, ver Eckert *et al.* (1986); notamos um efetivo bastante fraco, e o que não é surpreendente, dada a situação considerada; segundo Whitam *et al.* (1993) a concordância das preferências sexuais é de cerca de 65,8% para os gêmeos verdadeiros e de 30,4% para os falsos gêmeos. Para outros estudos familiares, ver Pillard & Weinrich (1986) e Dawood *et al.* (2000). Sobre os genes que têm efeitos positivos ou negativos dependendo do sexo, ver um exemplo célebre da drosófila em Chippindale *et al.* (2001). A hipótese de genes com efeitos antagonistas explicando a homossexualidade masculina encontra-se em Judson (2004), p. 173-183; para dados experimentais, ver Campeiro-Ciani *et al.* (2004); para um estudo teórico, ver Gravilets *et al.* (2006). Um fator biológico suplementar acabou de ser proposto, agindo sobre a expressão dos genes do cromossoma X, ver Bocklandt *et al.* (2006). Para a existência de fatores ambientais pré-natais, ver Dörner *et al.*(1983). Sobre a seleção indireta no interior da família (seleção de parentela), ver Bobrow & Bailey (2001), Rahman & Hull (2005) e Vasey *et al.* (2007). Sobre as diferenças entre homossexualidade feminina e masculina, ver Berman (2003), especialmente o capítulo 4: *Twenty-three differences between male homosexuals and lesbians*", p. 44-56.

* Conclusão

Sobre a posição de Freud em 1910 a respeito da homossexualidade: "Em todos (sic!) nossos homens homossexuais, houve na primeira infância, esquecida mais tarde pelo indivíduo, uma ligação erótica muito intensa com uma pessoa feminina, geralmente a mãe, suscitada ou favorecida pela ternura excessiva da própria mãe, confortada além disso pela retirada do pai na vida da criança", ver Meyer (2005), p. 784. Sobre o fato da homossexualidade masculina não ser uma escolha, ver Quinsey (2003). Quando é evocada uma possível escolha do adolescente sobre a preferência homossexual, um adulto homossexual observa: "Seria necessário ser absurdamente masoquista para fazer essa 'escolha' nessa idade, sabendo que a descoberta de sua homossexualidade gera com frequência um período de sofrimentos (ligados à pressão social, à educação...) e que a taxa de suicídio entre os jovens homossexuais é bem superior à dos jovens heterossexuais (variável dependendo dos estudos). A "escolha individual" portanto, não se sustenta com argumentos simples. A escolha acontece depois, quando se trata de assumir ou não a pressão social". (Simon Popy, comm. pers). Sobre a elevada taxa de suicídio entre os adolescentes homossexuais, ver Berman (2003), p. 435-436, e Remafedi (1999). Sobre a variação interindividual das capacidades genéticas de percepção dos odores, ver Keller *et al.*(2007). Para considerações sobre a evolução da homossexualidade, ver Dickermann (1993), Kirkpatrick (2000) e Peters (2007); sobre a homofobia, ver Adrians & De Block (2007).

6. A ecologia familiar

A citação de André Gide vem de seus *Alimentos terrestres* (p. 74 da edição Gallimard de 1947). A citação original de Haldane: "*Would I lay down my life to save my brother? No, but I would to save two brothers or eight cousins*", ver http://en.wikiquote.org/wiki/J._B._S._Haldane. Para as definições da família ver Emlen (1995). De um ponto de vista rigoroso, o investimento parental é definido segundo Trivers (1972) como "tudo o que um genitor faz para aumentar as chances de sobrevivência e de sucesso reprodutivo de um descendente, em detrimento de sua capacidade de investir em seus outros descendentes". Para uma abordagem geral do investimento parental no Homem, ver Geary (2005). O princípio dos conflitos pais–filhos é descrito por Trivers (1974), e Geary & Flinn (2001) apresentam uma visão geral do tema.

*Avó e menopausa

A ideia de que antigamente a vida após os 50 anos era excepcional tem sua origem numa subestimação, nas velhas publicações, da idade dos esqueletos das tumbas antigas. Os desvios metodológicos responsáveis por essas subestimações são hoje conhecidos, ver Bocquet-Appel (1982). A câmara sepulcral mencionada, que contém 170 indivíduos, encontra-se perto de Loisy-en-Brie (Marne): a determinação das idades é feita por dois métodos independentes, ver Bocquet-Appel (1997). Num estudo demográfico referente a vinte e quatro sociedades tradicionais, demonstrou-se que entre as mulheres que atingiram a idade de 15 anos, a maioria (53%) tem uma esperança de vida de mais de 45 anos, ver Lancaster & King (1992). Ver também Hill e Hurtado (2001) para uma revisão demográfica entre os Bosquímanos, os Aché e os Yanomami. ***A menopausa entre os animais.*** Para a menopausa nos primatas, ver Walker (1995), Takahata *et al.* (1995), Sherman (1998), Fedigan & Pavelka (2007), Thompson *et al.* (2007). Para a menopausa nos cetáceos, ver McAuliffe & Whitehead (1995). Sobre a idade da última reprodução e a duração de vida das orcas fêmeas, ver http://en.wikipedia.org/ wiki/Orca. ***Para que servem as avós.*** Para o efeito das avós no Quebec e na Finlândia, ver Lahdenperä *et al.* (2004), na Polônia ver Tymicki (2004), nas sociedades tradicionais ver Gibson & Mace (2005). A hipótese das avós para explicar a menopausa foi proposta inicialmente por Williams (1957). Para uma modelização, ver Shanley & Kirkwood (2001). Sobre o efeito dos avôs, ver Lahdenperä *et al.*(2007).

* Conflitos em torno do investimento parental

Para uma abordagem geral dos conflitos em torno do investimento parental, ver Salmon (2005). ***Incerteza da paternidade.*** Sobre a atribuição de semelhança pelos pais ou pela família, ver Daly & Wilson (1982), Regalski & Gaulin (1993), McLain *et al.* (2000) e Alvergne *et al.* (2007). Sobre os homicídios e os maltratos relacionados com a suspeita de ilegitimidade, ver Dally & Wilson (1984), Burch & Galup (2000). Sobre a ligação entre o investimento parental e a certeza de paternidade, e seu estudo intercultural, ver Geary (2006), Gaulin & Schlegel (1980). Para uma abordagem mais geral nos animais, ver Wright (1998), e Sheldon & Ellegren (1998). Sobre a experiência de reconhecimentos dos aparentados, ver Platek *et al.* (2004; 2005), Platek & Thomson (2006). Sobre a avaliação das frequências de filhos ilegítimos, ver Cerda-Flores *et al.* (1999), Sasse *et al.* (1994), Bellis *et al.* (2005) e Anderson (2006). Sobre o comportamento dos avós e a incerteza da paternidade, ver Euler &Weitzel (1996), Buss (1999), p. 236-240, Laham *et al.* (2005), Chrastil *et al.* (2006) e Pollet *et al.* (2006). Para os tios e tias, ver Gaulin *et al.* (2007). ***Competição na fratria.*** O livro de Sulloway (1996) é um bom resumo do conjunto dos trabalhos sobre a posição de nascimento. Ver particularmente personalidade e posição de nascimento (p. XIV-XV); reação às ideias novas (p. 36-48); voto sobre a morte do rei (p. 321-325); efeito da idade (p. 32-36). Ver também Sulloway (1995; 2001). Sobre a semelhança dos mais velhos quanto à personalidade, ver, por exemplo, Dunn & Plomin (1991), Plomin & Daniels (1987). ***Divórcio e sogros.*** Sobre a taxa de divórcios, a estimativa é baseada numa pesquisa de 1999, ver Barre (2005). Quanto aos estudos sobre o impacto da separação, eles levam em conta inúmeras variáveis que poderiam interferir com os resultados, como a idade e o nível sócio-econômico dos pais, ver Kim & Smith (1998; 1999). Quinlam (2003), Matchock & Susman (2006), Alvergne *et al.* (2009). Sobre o risco que os padrastos constituem nas sociedades tradicionais, ver Daly &Wilson (1988; 2002). Para as sociedades tradicionais, ver Buss (1999), p. 204; sobre o infanticídio nos animais, ver Hrdy (1979), Hausfater & Hrdy (1984) e Van Schaik & Janson (2000). Sobre as medidas diretas de investimento parental, ver, por exemplo, Anderson *et al.* (1999a; 1999b); a respeito das consequências sobre o desempenho escolar, ver Zvoch (1999), Case *et al.* (2001), Alvergne *et al.* (2004); sobre a idade em que as crianças vão embora de casa, ver Villeneuve-Gokalp (2005); sobre os efeitos sexuais, ver Quinlam (2003), Alvergne *et al.* (2009). Sobre o desvio do investimento materno para o padrasto, ver Flinn *et al.* (1999). Sobre uma possibilidade de viés cultural para explicar a imagem negativa das madrastas em comparação com os padrastos, a ideia é desenvolvida em Daly & Wilson (2002), p. 66.

* Outros conflitos

O complexo de Édipo. O estudo mencionado sobre as preferências das crianças é de Goldman & Goldman (1982); a respeito do progenitor preferido por meninas e meninos de diferentes idades, ver p. 159-162; citação original " *there is no evidence to support the Œdipal family situation as a normal process in family life or child development*", p. 391; ver também as críticas desses autores sobre o período de latência da sexualidade das crianças, que se segue à resolução do complexo de Édipo até a adolescência, proposto por Freud: "*The evidence against a latency period in children´s sexuality is so strong as to merit the description of 'myth of latency'*" (as provas contra o período de latência na sexualidade das crianças são tão fortes que ele merece ser qualificado como "mito da latência"), p. 391. Citação de Eliade (1973), p. 350-351. A respeito da ausência ou raridade dos cruzamentos mães–filhos ou irmãos–irmãs entre os chimpanzés, e de forma mais geral entre os primatas, ver Dixson (1998), p. 88-90. Uma análise global do darwinismo e do freudismo para explicar os conflitos pais–filhos e avaliar o complexo de Édipo é feita por Daly & Wilson (1990). Os críticos do freudismo e da psicanálise expressaram-se em Meyer (2005), obra que recebeu a contribuição de dezenas de autores. Ver também Van den Berghe (1987), que declara: "Considero a psicanálise como o culto intelectual mais bem sucedido do século XX [...]. A razão pela qual considero que *Totem e Tabu* [o livro de Freud explicando o complexo de Édipo] é uma fábula, assim como o conjunto do edifício psicanalítico, é que ele repousa sobre fatos não comprovados e não refutáveis, completamente forçados e não econômicos"; ver também a análise detalhada do freudismo de Sulloway (1991). Sobre o efeito da idade do genitor de sexo oposto nas escolhas dos parceiros, ver

Perrett *et al.* (2002) e Bereczkei *et al.* (2002); sobre o efeito da cor dos olhos e cabelos, ver Little *et al.* (2003); para o efeito da etnicidade, ver Jedlicka (1980). Para o mesmo efeito num pássaro australiano (o diamante-mandarim, *Taeniopygia guttata*), ver Vos (1995), no carneiro e na cabra, ver Kendrick *et al.* (1998). Sobre o fenômeno da marca visual em ligação com as escolhas de parceiros nos pássaros, ver Bateson (1980) e Horn (1986). O papel da primeira infância nos comportamentos sociais do adulto começa a ser estudado no nível neurofisiológico, ver Wismer Fries *et al* (2005). De forma mais geral, a respeito das diferenças cognitivas em função do tipo de língua e de cultura, ver Cantlon & Brannon (2007). ***A crise de adolescência***. Sobre a biografia de Louis-Joseph de Montcalm, ver http://fr.wikipedia.org/wiki/Louis-Josephh_de_Montcalm; sobre os fatos mencionados a respeito de Tilly, Casanova e Mme. de Genlis, ver Tilly (1986), p. 68-69, 74; Casanova (1962), tomo 6, vol. 12, p. 279; Mme. de Genlis (2004), p. 77-83. Sobre o histórico de redução do trabalho das crianças, o desenvolvimento da escolarização obrigatória, e a citação, ver Lorrain (2003); ver também Weisfeld (1999), especialmente p. 77-108. Sobre o tempo passado pelos adolescentes diante da televisão, ver Deheeger *et al.* (2002). A televisão é igualmente responsável pela forte baixa da vida social e do envolvimento cívico nos Estados Unidos e no Canadá, ver Putman (1996). Sobre o papel dos pais na crise da adolescência, ver Weisfeld (1999), especialmente p. 287-298. Sobre o papel da rede social adulta, ver Bronfenbrenner *et al.* (1984). Sobre as sociedades tradicionais, ver o estudo referente a 173 etnias de Schlegel (1995);

citação original: "*The cross-cultural data do not indicate much sustained conflicts between adolescents and older family members or others aduts.*"

* Da família à sociedade

As ideias desta parte foram baseadas em Todd (1999).

* Conclusão

Sobre a importância, nas sociedades tradicionais, do ambiente familiar na competição social, ver por exemplo Chagnon (1979), Chagnon & Bugos (1979).

Referências citadas

Adrians, P. & De Block, A. 2007. "L´homosexualité est-elle une adaptation?" *Eos Sciences*, *5*, p. 24-29.

Agarwal, D.P. & Goedde, H.W., 1986. "Ethanol oxidation: ethnic variations in metabolism and reponse", in *Ethnic Differences in Reactions to Drugs and Xenobiotics* (Kalow, W. Goedde, H.W. & Agarwal, D.P., dir), Nova York, Alan R. Liss, p. 99-111.

Alexander, G.M. & Hines, M., 2002. "Sex differences in reponse to children's toys in nonhuman primates (*Cercopithecus aethiops sabaeus)*", *Evolution and Human behavior*, 23, p. 467-479.

Alexander, G.M., 2003. "An evolutionary perspective of sex-typed toy preferences: pink, blue, and the brain", *Archives of Sexual behavior*, 32, p. 7-14.

Allen, J.S. & Cheer, S.M. 1996. "The non-thrifty genotype", *Current Anthropology*, 37, p. 831-842.

Alvergne, A., Faurie, C. & Raymond, M., 2007. "Differential facial resemblance of young children to their parents: who do children look like more?", *Evolution and Human Behavior*, 28, p. 135-144.

Alvergne, A., Faurie, C. & Raymond, M., 2009. "Developmental plasticity of human reproductive development: effects of early family environment in modernday France." Artigo a ser publicado.

Alvergne, A. 2004. *L´Investissement parental chez l´homme,* diplôme d´études supérieures universitaires, Toulouse, université Paul-Sabatier, 36 p.

Ambroise-Thomas, P., Schweitzer, M. & Pinon, J.M., 2001. "La prévention de la toxoplasmose congénitale em France. Évaluation des risques. Résultats et perspectives du dépistage anténatal et du suivi du nouveau-né", *Bulletin de l´Académie nationale de médecine*, 185, p. 665-688.

Anderson, K.G., 2006. "How well does paternity confidence match actual paternity? Evidence from worldwide nonpaternity rates", *Current Anthropology*, 47, p. 513-520.

Anderson, K.G., Kaplan, H. & Lancaster, J. 1999a. "Paternal care by genetic fathers and stepfathers. I: Reports from Albuquerque men", *Evolution and Human Behavior*, 20, p. 405-431.

Anderson, K. G., Kaplan, H., Lam., D. & Lancaster, J., 1999b. "Paternal care by genetic fathers and stepfathers. II: Reports by Xhosa high school students", *Evolution and Human Behavior*, 20, p. 433-451.

Anônimo, 1982. *Traductiondocuménique de la Bible*, Paris, Éditions du Cerf, 1863 p., segunda edição.

Anônimo, 2004. "Conflit de canard: oméga rend gaga", *Le Canard enchaîné*, 4353, p. 5.

Anônimo, 2006. "L´aura du boudin", *Le Canard enchaîné*, 4455, p. 5.

Ascherio, A., Hennekens, C. H. Buring, J. E. , Master, C., Stampfer, M.J. & Willet, W. C., 1994. "Trans-fatty acids intake and risk of myocardial infarction", *Circulation*, 89, p. 94-101.

Augustins, G., 1989. *Comment se perpétuer? Devenir des lignées et destins des patrimoes dans les paysanneries européennes*, Société d´ethnologie, Nanterre, 434 p.

Bachaumont, de, L. P., 1943. *Mémoires secrets pour servir à l´histoire des lettres en France*, Paris, G. Briffault, 369 p.

Bagemihl, B., 1999. *Biological Exuberance. Animal homossexuality and natural diversity*. Nova York, Saint Martin´s Press, 751 p.

Bailey, J. M. & Pillard, R.C., 1991. " A genetic study of male sexual orientation", *Archives of General Psychiatry*, 48, p. 1089-1096.

Bailey, J. M., Pillard, R. C., Dawood, K., Miller, M. B., Farrer, L. A., Triverdi., S. & Murphy, R. L. 1999. "A family history of male sexual orientation using three independent samples", *Behavior Genetics*, 29, p. 79-86.

Baker, R. R. & Bellis, M. A. 1994. *Human Sperm Competition. Copulation, masturbation and infidelity*, Londres, Chapman & Hall, 354 p.

Ball, T. M., Castro-Rodriguez, J. A., Griffith, K. A., Holberg, C. J., Martinez, F. D. & Wright, A. L., 2000. "Sibblings, day-care attendance and the risk of asthma and wheezing during childhood", *New England Journal of Medicine*, 343, p. 538-543.

Barre, C., 2005. "1,6 million d´enfants vivent dans une famille recomposée, in *Histoires de familles, histoires familiales. Les résultats de l´enquête Famille de 1999* (Lefèvre, C. & Filhon, A., dir.), INED, Paris, p. 273-281.

Barry, D. M. J. & Reeve, A. W., 1977. "Increased incidence of gram-negative neonatal sepsis with intra-muscular iron administration", *Pediatrics*, 60, p. 908-912.

Basdevant, A. & Charles, M.-A., 2006. *Obépi Roche 2006. Enquête épidémiologique nationale sur le surpoids et l´obésité,* Neuilly-sur-Seine, Roche, 52 p.

Bateson, P. 1980. "Optimal outbreeding and the development of sexual preferences in japanese quail", *Zeitschrift für Tierpsychologie*, 53, p. 231-244.

Beaudry, M., Chiasson, S. & Lauzière, J., 2006. *Biologie de l´allaitement*, Presses de l´université du Québec, 581 p.

Beauvoir, de S., 1949. *Le Deuxième Sexe, Vol. I Les faits et les mythes*, Paris, Gallimard, 409 p.

Beja-Pereira, A., Luikart, G., England, P. R., Bradley, D. G., Jann, O. C., Bertorelle, G., Chamberlain, A. T., Nunes, T. P., Metodiev, S. Ferrand, N. & Erhardt, G., 2003. "Gene-culture coevolution between cattle milk protein genes and human lactase genes", *Nature Genetics*, 35, p. 311-313.

Bell, G., 1978. "The evolution of anisogamy", *Journal of Theoretical Biology*, 73, p. 247-270.

Bell, R. R., Draper, H. H. & Bergan, J. G., 1973. "Sucrose, lactose and glucose tolerance in Northern Alaskan Eskimos", *American Journal of Clinical Nutrition*, 26, p. 1185-1190.

Bellis, M. A., Hughes, K., Hughes, S. & Ashton, J. R., 2005. "Measuring paternal discrepancy and its public health consequences", *Journal of Epidemiology and Community Health*, 59, p. 749-754.

Bereczkei, T. & Dunbar, R. I. M., 1997. "Female-biased reproductive strategies in a Hungarian gypsy population", *Proceedings of the Royal Society of London*, B364, p. 17-22.

Bereczkei, T., Gyuris, P., Koves, P. & Bernath, L., 2002. "Homogamy, genetic similarity and imprinting; parental influence on mate choice preferences", *Personal and Individual Differences*, 33, p. 677-690.

Berman, L. A., 2003. *The Puzzle. Exploring the evolutionary puzzle of male homosexuality*, Wilmette, Illinois, Godot Press, p. 583.

Betzig, L., 1982. "Despotism and differential reproduction: a cross-cultural correlation of conflict asymmetry, hierarchy and degree of polygyny", *Ethology and Sociobiology*, 3, p. 209-221.

Betzig, L., 1986. "*Despotism and Differential Reproduction. A darwinian view of history*, Nova York, Aldine, 171 p.

Betzig, L., 1992a. "Roman polygyny", *Ethology and Sociobiology*, 13, p. 309-349.

Betzig, L., 1992b. "Roman monogamy", *Ethology and Sociobiology*, 13, p. 351-383.

Betzig, L. 1993. "Sex, succession, and stratification in the first six civilizations", in *Social Stratification and Socioeconomic Inequality* (Ellis, L., dir.) Londres, Praeger, p. 37-74.

Betzig, L., 1995. "Medieval monogamy", *Journal of Family History*, 20, p. 181-216.

Birkhead, T.R. & Møller, A. P., 1998. *Sperm Competition and Sexual Selection*, San Diego, Academic Press, 826 p.

Bjelakovic, G., Nikolova, D., Gluud, L. L., Simonetti, R. G. & Gluud, C., 2007. "Mortality in randomized trials of antioxidant supplements for primary and secondary prevention. Systematic review and meta-analysis", *Journal of the American Medical Association*, 297, p. 842-857.

Blanchard, R. & Bogaert, A. F., 1996a. "Homosexuality in men and number of older brothers", *American Journal of Psychiatry*, 153, p. 27-31.

Blanchard, R. & Bogaert, A. F., 1996b. "Biodemographic comparisons of homosexual and heterosexual men in the Kinsey interview data", *Archives of Sexual Behavior*, 25, p. 551-579.

Blanchard, R. & Klassen, P., 1997. "H-Y antigen and homosexuality in men", *Journal of Theoretical Biology*, 185, p. 373-378.

Blanchard, R., 2004. "Quantitative and theoretical analyses of the relation between older brothers and homosexuality in men", *Journal of Theoretical Biology*, 230, p. 173-187.

Blanchard, S. & Girard, L., 2004. "Lutte contre l´obésité: le Sénat cède aux lobbies", *Le Monde*, 18492, p. 1-5.

Bobrow, D. & Bailey, J. M., 2001. "Is male homosexuality maintained via kin selection?", *Evolution and Human Behavior*, 22, p. 361-368.

Bocklandt, S., Horvath, S., Vilain, E. & Hamer, D. H., 2006. "Extreme skewing of X chromosome inactivation in mothers of homosexual men", *Human Genetics*, 118, p. 691-694.

Bocquet-Appel, J.-P. & Bacro, J. N., 1997. "Estimates of some demographic parameters in a neolithic rock-cut chamber (approximately 2000 BC) using iterative techniques for aging and demographic estimators", *American Journal of Physical Anthropology*, 102, p. 569-575.

Bocquet-Appel, J.-P. & Masset, C., 1982. "Farewell to paleodemography", *Journal of Human Evolution*, 11, p. 321-333.

Boesch, C. 2007. "What makes us human (*Homo sapiens)*? The challenge of cognitive cross-species comparison", *Journal of Comparative Psychology*, 121, p. 227-240.

Bogaert, A. F., 2006. "Biological versus nonbiological older brothers and men´s sexual orientation", *Proceedings of the National Academy of Sciences, USA*, 103, p. 10771-10774.

Boorstein, S. M. & Ewald, P. W., 1987. "Costs and benefits of behavioral fever in *Melanopus sanguinipes* infected by *Nosema acridophagus*, *Physiological Zoology*, 60, p. 586-595.

Borgerhoff Mulder, M., 1990. "Kipsigis women´s preference for wealthy men: evidence for female choice in mammals?" *Behavioral Ecology and Sociobiology*, 27, p. 255-264.

Bottéro, J., 1995. "Système et décryptement de l´écriture cunéiforme", in *Écritures archaïques, systèmes et déchiffrement* (Yau, S.- C., dir.), Paris, Langages croisés, p. 7-36.

Boudan, C., 2004. *Géopolitique du gôut,* Paris, Presses universitaires de France, 451 p.

Bouker, K. B. & Hilakivi-Clarke, L., 2000. "Genistein: does it prevent or promote breast cancer?", *Environmental Health Perspective*, 108, p. 701-708.

Bourdieu, P., 1972. "Les stratégies matrimoniales dans le système de reproduction", *Annales ESC*, juillet-octobre, p. 1105-1125.

Bouthoul, G., 1991. *Traité de polémologie, sociologie des guerres*, Paris, Payot, 530 p.

Bouvier-Colle, M. H., Péquignot, F. & Jougla, E., 2001. "Mise au point sur la mortalité maternelle en France: fréquence, tendances et causes", *Journal de gynécologie obstétrique et biologie de la reproduction*, 30, p. 768-775.

Bovet, P. & Paccaud, F., 2001. "Race and responsiveness to drugs for heart failure", *New England Journal of Medicine*, 345, p. 766.

Brand-Miller, J. & Colagiuri, S., 1999. "Evolutionary aspects of diet and insulin resistance", in *Evolutionary Aspects of Nutrition and Health* (Simopoulos, A. P., dir.), Bâle, Karger, p. 74-105.

Braun-Fahrländer, C. H., Gassner, M., Grize, L., Neu, U., Sennhauser, F. H., Varonier, H.S., Vuille, J. C., Wüthrich, B. & Team, S., 1999. "Prevalence of hay fever and allergic sensitization in farmer´s children and their peers living in the same rural community", *Clinical and Experimental Allergy*, 29, p. 28-34.

Bronfenbrenner, U., Moen, P. & Garbarino, J., 1984. "Child, family and community", in *Review of Child Development Research*, vol. 7, *The Family* (Parke, R. D., dir.), Chicago, University of Chicago Press, p. 283-328.

Brothwell, D. & Brothwell, P., 1998. *Food in Antiquity. A survey of the diet of early peoples*, Baltimore, Johns Hopkins University Press, 283 p.

Burch, R. L. & Gallup, Jr., G. G., 2000. "Perceptions of paternal resemblance predict family violence", *Evolution and Human Behavior*, 21, p. 429-435.

Burgoyne, P. S., Thornhill, A. R., Kalmus Boudrean, S., Darling, S. M., Bishop, C. E., Evans, E. P. , Capel, B. & Mittwoch, U., 1995. "The genetic basis of XX-XY differences present before gonadal sex differentiation in the mouse", *Philosophical Transactions of the Royal Society of London,* B 350, p. 253-260.

Buss, D. M., 1999. *Evolutionary Psychology. The new science of the mind*, Boston, Allyn and Bacon, 456 p.

Cabannes, A., Lucchese, F., Hernandez, J. C., Pelse, H., Biesel, N., Eymonnot, M., Appriou, M. & Tribouley-Duret, J., 1997. "Enquête seroépidémiologique sur *Toxoplasma gondii* chez les ovins, bovins et félins dans le département de la Gironde", *Bulletin de la Société française de parasitologie*, 15, p. 11-22.

Cahill, L., 2006. "Why sex matters for neuroscience", *Nature Reviews Neuroscience*, 7, p. 477-484.

Caine, N. G. & Mundy., N. I., 2000. "Demonstration of a foraging advantage for trichromatic marmosets (*Callithrix geoffroyi*) dependent of food colour", *Proceedings of the Royal Society of London*, B 267, p. 439- 444.

Campagna, C., Lewis, M. & Baldi, R., 1993. "Breeding biology of southern elephant seals in Patagonia", *Marine Mammal Science*, 9, p. 34-47.

Campeiro-Ciani, A., Corna, F. & Capiluppi, C. 2004. "Evidence for maternally inherited factors favouring male homosexuality and promoting female fecundity", *Proceedings of the Royal Society of London*, B 271, p. 2217-2221.

Camporota, L., Corkhill, A., Long, H., Lordan, J., Stanciu, L., Tuckwell, N., Cross, A., Standford, J.L., Rook, G. A. W., Holgate, S. T. & Djukanovic, R., 2003. "The effects of *Mycobacterium vaccae* on allergen-induced airway responses in atopic asthma", *European Respiratory Journal*, 21, p. 287-293.

Cantlon, J. F. & Brannon., E. M., 2007. "Adding up the effects of cultural experience of the brain", *Trends in Cognitive Sciences*, 11, p. 1-4.

Cantor, J. M., Blanchard, R., Paterson, A. D. & Bogaert, A. F., 2002. "How many gay men owe their sexual orientation to fraternal birth order?", *Archives of Sexual Behavior*, 31, p. 63-71.

Casanova, J., 1962. *Histoire de ma vie*, Wiesbaden, Brockhaus, 6 tomos.

Case, A., Lin, I. F. & Mclanaham, S. 2001. "Educational attainment of siblings in stepfamilies", *Evolution and Human Behavior*, 22, p. 269-289.

Caylus, Mme. de, 1986. *Souvenirs*, Paris, Mercure de France, p. 219.

Céline, L.-F., 1952. *Semmelweis*, Paris, Gallimard, 132 p.

Cerda-Flores, R. M., Barton, S. A., Marty-Gonzalez, L. F., Rivas, F. & Chakraborty, R., 1999. "Estimation of nonpaternity in the Mexican population of Nuevo Léon: a validation study with blood group markers", *American Journal o Physical Anthropology*, 109, p. 281-293.

Cézilly, F. & Danchin, E., 2005. "Régimes d´appariement et soins parentaux", in *Écologie comportementale* (Danchin, E., Giraldeau, L. A. & Cézilly, F. dir.), Paris, Dunod, p. 299-330.

Chagnon, N. A. & Bugos, Jr, P. E., 1979. "Kin selection and conflict: an analysis of a Yanomamö ax fight", in *Evolutionary Biology and Human Social Behavior: an anthropological perspective* (Chagnon, N. A. & Irons, W., dir.), Belmont, CA, Duxbury Press, p. 213-238.

Chagnon, N. A., 1979. "Mate competition, favoring close kin, and village fissioning among the Yanomamö Indians", in *Evolutionary Biology and Human Social Behavior: an anthropological perspective* (Chagnon, N. A. & Irons, W., dir.) Belmont, CA, Duxbury Press, p. 86-132.

Chagnon, N. A., 1988. "Life histories, blood revenge, and warfare in a tribal population", *Science*, 239, p. 985-992.

Chagnon, N. A., 1997. *Yanomamö*, Nova York, Harcourt Brace, 280 p.

Chapman, T., Liddles, L. F., Kalb, J. M., Wolfner, M. F. & Partridge, L., 1995. "Cost of mating in *Drosophila melanogaster* females is mediated by male accessory gland products", *Nature,* 373, p. 241-244.

Charpin, D., 2005. "Les cofacteurs non spécifiques: pollution, tabac, mode de vie", in *Histoire naturelle de l´alergie respiratoire* (Vervloet, D., dir.), Paris, Éditions médicales, p. 43-50.

Charpin, D., Annesi-Maesano, I., Godard, P., Kopferschmitt-Kubler, M.-C., Oryszczyn, M.-P., Daures, J.-P., Quoix, E., Raherison, C., Taytard, A. & Vervloet, D., 1999. "Prévalence des maladies allergiques de l´enfant: l´enquête Isaac-France, phase I", *Bulletin épidémiologique hebdomadaire,* 13, p. 49-51 (online em http://www.invs.sante.fr/beh/1999/9913/beh_13_1999.pdf).

Chaussinand-Nogaret, G., 1998. *Choiseul (1719-1785). Naissance de la gauche*, Paris, Perrin, 363 p.

Check, E., 2006. "Human evolution: how Africa learned to love the cow", *Nature*, 444, p. 994-996.

Chen, C. S., Xue, G., Dong, Q., Jin, Z., Li, T., Xue, F., Zhao, L. B. & Guo, Y., 2007. "Sex determines the neurofunctional predictors of visual word learning", *Neuropsychologia*, 45, p. 741-747.

Chen, J. D., 1999. "Evolutionary aspects of exercise", in *Evolutionary Aspects of Nutrition and Health* (Simopoulos, A. P., dir.), Bâle, Karger, p. 107-117.

Chippindale, A. K., Gibson, J. R. & Rice, W. R., 2001. "Negative genetic correlation for adult fitness between sexes reveals ontogenetic conflict in *Drosophila*", *Proceedings of the National Academy of Sciences, USA*, 98, p.1671-1675.

Choiseul, duc de, 1982. *Mémoires*, Paris, Mercure de France, 334 p.

Chrastil, E. R., Getz, W. M., Euler, H. A. & Starks, P. T., 2006. "Paternity uncertainty overrides sex chromosome selection for preferential grandparenting", *Evolution and Human Behavior*, 27, p. 206-223.

Cioran, E. M., 1987. *Aveux et Anathèmes*, Paris, Gallimard, 146 p.

Clements, A. M., Rimrodt, S. L., Abel, J. R., Blankner, J. G., Mostofsky, S. H., Pekar, J. J., Denckla, M. B. & Cutting, L. E., 2006. "Sex differences in cerebral laterality of language and visuospatial processing", *Brain and Language*, 98, p. 150-158.

Clements, A. N., 1999. *The Biology of Mosquitoes: development, nutrition and reproduction*, vol. I, Cambridge, MA, CABI Publishing, 536 p.

Clutton-Brock, T. H., 1991. *The Evolution of Parental Care*, Princeton, Princeton University Press, 352 p.

Coeuret-Pellicier, M., Bouvier-Colle, M. H., Salanave, B. & Moms Group, 1999. "Les causes obstétricales de decès expliquent-elles les différences de mortalité maternelle entre la France et l´Europe?", *Obstétrique et Biologie de la reproduction*, 28, p. 62-68.

Connellan, J., Baron-Cohen, S., Wheelwright, S., Batki, A. & Ahluwalia, J., 2000. "Sex differences in human neonatal social perception", *Infant Behavior and Development*, 23, p. 113-118.

Cooke, B., Hegstrom, C. D., Villeneuve, L. S. & Breedlove, S. M., 1998. "Sexual differentiation of the vertebrate brain: principles and mechanisms", *Frontiers in Neuroendocrinology*, 19, p. 323-362.

Cordain, L., 1999. "Cereal grains: humanity´s double-edged, sword. Diet, exercice, genetics, and chronic disease", in *Evolutionary Aspects of Nutrition and Health* (Simopoulos, A. P., dir.), Bâle, Karger, p. 19-73.

Cordain, L., 2002. *The Paleo Diet*, Nova York, Wiley & Sons, 257 p.

Cordain, L., 2006. "Dietary implications for the development of acne: a shifting paradigm", *US Dermatology Review*, 2, p. 1-5.

Cordain, L., Eaton, S. B., Miller, J. B., Lindeberg, S & Jensen, C., 2002a. "An evolutionary analysis of the aetiology and pathogenesis of juvenile-onset myopia", *Acta Ophtalmologica Scandinavica*, 80, p. 125-135.

Cordain, L., Lindeberg, S., Hurtado, A. M., Hill, K., Eaton, S. B. & Brand-Miller, J., 2002b. "*Acne vulgaris:* A disease of Western civilization", *Archives of Dermatology*, 138, p. 1584-1590.

Cordain, L. Watkins, B. A., Florant G. L., Kelher, M., Rogers, L. & Li, Y., 2002c. "Fatty acid analysis of wild ruminant tissues: evolutionary implications for reducing diet-related chronic disease", *European Journal of Clinical Nutrition*, 56, p. 181-191.

Cordain, L., Eades, M. R., Eades, M. D., 2003. "Hyper-insulinemic diseases of civilization: more than just Syndrome X". *Comparative Biochemistry and Physiology*, *Part A,* 136, p. 95-112.

Cordain. L. Eaton, S. B., Sebastian, A., Mann, N., Lindeberg, S. &Watkins, B. A., 2005. "Origins and evolution of the Western diet: health implications for the 21st century", *American Journal of Clinical Nutrition*, 81, p. 341-354.

Cordain, L., Toohey L., Smith, M. J. & Hickey, M. S., 2000. "Modulation of immune function by dietary lectins in rheumatoid arthritis", *British Journal of Nutrition*, 83, p. 207-217.

Correale, J. & Farez, M. 2007. "Association between parasite infection and immune responses in multiple sclerosis", *Annals of Neurology*, 61, p. 97-108 (DOI: 10:1002/ana.21067)

Daly, M. & Wilson, M., 1982. "Whom are newborn babies said to resemble?", *Ethology and Sociobiology*, 3, p. 69-78.

Daly, M. & Wilson, M., 1984. "A sociobiological analysis of human infanticide", in *Infanticide: comparative and evolutionary perspectives* (Haufsfater, G. & Hrdy, S. B., dir.), Nova York, Aldine, p. 487-502.

Daly, M. & Wilson, M., 1988. *Homicide*, Nova York, Adline de Gruyter, 328 p.

Daly, M. & Wilson, M. 1990. "Is parent-offspring conflict sex-linked? Freudian and darwinian models", *Journal of Personality*, 58, p. 165-189.

Daly, M. & Wilson, M. 2002. *La Vérité sur Cendrillon, un point de vue darwinien sur l´amour parental*, Paris, Cassini, 71 p.

Danchin, E. & Cézilly, F., 2005. "La sélection sexuelle: un autre processus évolutif", in *Écologie comportementale* (Danchin, E. Giraldeau, L. A. & Cézilly, F., dir.), Paris, Dunod, p. 235-298.

Danchin, E., Giraldeau, L.A. & Cézilly, F., 2005. *Écologie comportamentale*, Paris, Dunod, 637 p.

Davatzikos, C. & Resnick, S.M., 1998. "Sex differences in anatomic measures of interhemispheric connectivity: correlations with cognition in women but not men", *Cerebral Cortex*, 8, p. 635-640.

David, P. & Samadi, S., 2000. *La Théorie de l´évolution: une logique pour la biologie*, Paris, Flammarion, 212 p.

Davies, W. & Wilkinson, L.S., 2006. "It is not all hormones: alternatives explanations for sexual differentiation of the brain", *Brain Research*, 1126, p. 36-45.

Dawkins, R., 1982. *The Extended Phenotype*, Oxford, Oxford University Press, 307 p.

Dawood, K., Pillard, R. C., Horvath, C., Revelle, W. & Bailey, J. M., 2000. "Familial aspects of male homosexuality", *Archives of Sexual Behavior*, 29, p. 155-163.

Deaner, R. O., 2006a. "More males run relatively fast in US road races: further evidence of a sex difference in competitiveness", *Evolutionary Psychology*, 4, p. 303-314.

Deaner, R. O., 2006b. "More males run fast: a stable sex difference in competitiveness in US distance runners", *Evolution and Human Behavior*, 27, p. 63-84.

Deaner, R. O., 2007. "Different strokes: sex differences in competitiveness have disappeared in swimming but not in running", pôster apresentado na 19ª. conferência anual de Human Behavior & Evolution Society, Williamsburg, Virginia, 30 maio – 3 junho.

Deheeger, M., Belleisl, F. & Rolland-Cachera, M. F., 2002. "The French longitudinal study of growth and nutrition: data in adolescent males and females", *Journal of Human Nutrition and Dietetics*, 15, p. 429-438.

Dempster, E.L., Mill, J., Craig, I. W. & Collier, D. A., 2006. "The quantification of *COMT* mRNA in *post mortem* cerebellum tissue: diagnosis, genotype, methylation and expression", *BMC Medical Genetics*, 7, p. 10-17.

Denic, S. & Agarwal, M.M., 2007. "Nutritional iron deficiency: an evolutionary perspective", *Nutrition*, 23, p. 603-614.

Dewey, K. G., Domellöf, M., Cohen, R. J., Landa Rivera, L., Hernell, O. & Lönnerdal, B., 2002. "Iron supplementation affects growth and morbidity of breast-fed infants: results of a randomized trial in Sweden and Honduras", *Journal of Nutrition*, 132, p. 3249-3255.

Dewsbury, D. A., Baumgardner, D. J., Evans, R. L. & Webster, D. C., 1980. "Sexual dimorphism for body mass in 13 taxa of muroid rodents under laboratory conditions", *Journal of Mammalogy*, 61, p. 146-149.

Diamond, J., 1997. *Why is Sex Fun? The evolution of human sexuality*, Nova York, Basic Books, 165 p.

Diamond, J., 2003. "The double puzzle of diabetes". *Nature*, 423, p. 599-602.

Diamond, M. & Skyler, T. H., 2004. "Concordance for gender identity among monozygotic and dizygotic twin pairs" apresentado no American Psychological Association Conference, Honolulu, Havaí, 28 de julho-1º de agosto.

Diamond, M., 1996. "Prenatal predisposition and the clinical management of some pediatric conditions", *Journal of Sex and Marital Therapy*, 22, p. 139-174.

Dickemann, M., 1979. "The ecology if mating systems in hypergynous dowry societies", *Social Science Information*, 18, p. 163-195.

Dickemann, M., 1993. "Reproductive strategies and gender construction: an evolutionary view of homosexualities", *Journal of Homosexuality*, 24, p. 55-71.

Dickinson, S., Colagiuri, S., Faramus, P., Petocz, P. & Brand-Miller, J. C., 2002. "Postprandial hyperglycemia and insulin sensitivity differ among lean young adults of different ethnicities", *Journal of Nutrition*, 132, p. 2574-2579.

Dixson, A. F., 1998. *Primate Sexuality. Comparative studies of the prosimians, monkeys, apes, and human beings*, Oxford, Oxford University Press, 546 p.

D´Mello, J. P. F. (dir.), 2003. *Amino Acids in Animal Nutrition*, Cambridge, MA, CABI publishing, 548 p.

Dörner, G., Schenk, B., Schmiedel, B. & Ahrens, L., 1983. "Stressful events in prenatal life of bi- and homosexual men", *Experimental and Clinical Endocrinology*, 81, p. 83-87.

Drouard, A., 2005. *Les Français et la Table. Alimentation, gastronomie du Moyen-Age à nos jours*, Paris, Ellipses, 152 p.

Dunn, J. & Plomin, R., 1992. "Why are siblings so different? The significance of differences in sibling experiences within the family", *Family Process*, 30, p. 271-283.

Eaton, S. B., Cordain, L. & Lindelberg, S., 2002a. "Evolutionary health promotion: a consideration of common counterarguments", *Preventive Medicine*, 34, p. 119-123.

Eaton, S. B., Eaton III, S. B. & Cordain, L., 2002b. "Evolution, diet and health", in *Human Diet, its origin and evolution* (Ungar, P. S. & Teaford, M. F., dir.), Wesport, Connecticut, Bergin & Garvey, p. 7-17.

Eaton, S. B., Konner, M. & Shostak, M., 1988. "Stone agers in the fast lane: chronic degenerative diseases in evolutionary perspective", *The American Journal of Medicine*, 84, p. 739-749.

Eckert, E. D., Bouchard, T. J., Bohlen, J. & Heston, L. H., 1986. "Homosexuality in monozygotic twins reared apart", *British Journal of Psychiatry*, 148, p. 413-425.

Einon, D., 1998. "How many children can one man have?", *Evolution and Human Behavior*, 19, p. 413-426.

Elbert, T. & Rockstroh, B., 2004. "Reorganization of human cerebral cortex: the range of changes following use and injury", *Neuroscientist,* 10, p. 129-141.

Elbert, T. & Rockstroh, B., Kolassa, I.-T., Schauer, M. & Neuner, F., 2006. "The influence of organized violence and terror on brain and mind – a co-constructive perspective", in *Lifespan Development and the Brain: the perspective of biocultural co-constructivism* (Baltes, P. B., Reuter-Lorenz, P. A. & Rösler, F., dir.) Cambridge, Cambridge University Press, p. 326-349.

Eliade, M., 1973. *Fragments d´un journal*, Gallimard, Paris, 571 p.

Ellegren, H. & Parsch, J., 2007. "The evolution of sex-biased genes and sex-biased gene expression", *Nature Review Genetics*, 8, p. 689-698.

Emlen, S. T., 1995. "An evolutionary theory of the family", *Proceedings of the National Academy of Sciences, USA*, 92, p. 8092-8099.

Euler, H. A. & Weitzel, B., 1996. "Discriminative grand-parental sollicitude as reproductive strategy", *Human Nature*, 7, p. 39-59.

Ewald, P. W., 1980. "Evolutionary biology and the treatment of signs and symptoms of infection disease", *Journal of Theoretical Biology,* 86, p. 169-176.

F. D., 2007. "Le gay savoir de Sarko", *Le Canard enchaîné*, 4513, p. 1.

Fabiani, A., Galimberti, F., Sanvito, S. & Hoelzel, A. R., 2004. "Extreme polygyny among southern elephant seals on Sea

Lion Island, Falkland Islands", *Behavioral Ecology*, 15, p. 961-969.

Fairbairn, D. J., Blanckenhorn, W. U. & Székely, T., 2007. *Sex, Size & Gender roles. Evolutionary studies of sexual size dimorphism*, Oxford, Oxford University Press, 266 p.

Falcone, F. H. & Pritchard, D. I., 2005. "Parasite role and reversal: worms on trial", *Trends in Parasitology*, 21, p. 157-160.

Faure, E., 1957. "Lettre à une jeune fille qui lui avait soumis le manuscrit d´un roman, 23 mars 1919", *Europe*, 141, p. 52-54.

Faurie, C., Pontier, D. & Raymond, M., 2004. "Student athletes claim to have more sexual partners than other students", *Evolution and Human Behavior*, 25, p. 1-8.

Fedigan, L. M. & Pavelka, M. S. M., 2007. "Reproductive cessation in female primates: comparisons of japanese macaques and humans", in *Primates in Perspective* (Campbell, C., Fuentes, A., MacKinnon, K., Panger, M. & Bearder, S., dir.), Oxford, Oxford University Press, p. 437-447.

Fessler, D. M. T., 2002. "Reproductive immunosuppression and diet. An evolutionary perspective on pregnancy sickness and meat consumption", *Current Anthroplogy*, 43, p. 19-61.

Fieder, M. & Huber, S., 2007. "The effects of sex and childlessness on the association between status and reproductive output in modern society", *Evolution and Human Behavior*, 28, p. 392-398.

Fieder, M., Hubert, S. & Bookstein, F. L., Iber, K., Schäfer, K., Winckler, G. & Wallner, B., 2005. "Status and reproduction in humans: new evidence for the validity of evolutionary explanations on basis of a university sample", *Ethology*, 111, p. 940-950.

Fisher, R. A., 1958. *The Genetical Theory of Natural Selection*, Nova York, Dover, 291 p.

Flandrin, J.-L., 1995. *Familles. Parenté, maison, sexualité dans l'ancienne société*, Paris, Seuil, 332 p.

Flaxman, S. M. & Sherman, P. W., 2000. "Morning sickness: a mechanism for protecting mother and embryo", *Quarterly Review of Biology*, 75, p. 113-148.

Flinn, M. V., Leone, D. V. & Quinlan, R. J., 1999. "Growth and fluctuating asymmetry of stepchildren", *Evolution and Human Behavior*, 20, p. 465-479.

Flohr, C., Nguyen Tuyen, L., Lewis, S., Quinnell, R., Tan Minh, T., Thanh Liem, H., Campbell, J., Pritchard, D., Tinh Hien, T., Farrar, J., Williams, H. & Britton, J., 2006. "Poor sanitation and helminth infection protect against skin sensitization in Vietnamese children: a cross-sectional study", *Journal of Allergy and Clinical Immunology*, 118, p. 1305-1311.

Fogelman, Y., Rakover, Y. & Luboshitsky, R. 1995. "High prevalence of vitamin D deficiency among Ethiopian women immigrants to Israel: exacerbation during pregnancy and lactation", *Israel Journal of Medical Sciences*, 31, p. 221-224.

Francis, C. M., Anthony, E. L.P., Brunton, J. A. & Kunz, T. H., 1994. "Lactation in male fruit bats", *Nature*, 367, p. 691-692.

Futuyma, D. J., 1998. *Evolutionary Biology*. Sunderland, MA, Sinauer, 763 p.

Gaulin, S. J. C. & Schlegel, A., 1980. "Paternal confidence and paternal investment: a cross-cultural test of a socio-biological hypothesis", *Ethology and Sociobiology*, 1, p. 301-309.

Gaulin, S. J. C., McBurney, D. H. & Brademan-Wartell, S. L., 1997. "Matrilateral biases in the investment of aunts and uncles", *Human Nature*, 8, p. 139-151.

Gravilets, S. & Rice, W. R., 2006. "Genetic models of homosexuality: generating testable predictions", *Proceedings of the Royal Society of London*, B 273, p. 3031-3038.

Gayon, J. & Jacobi, D. (dir.), 2006. *L´Éternel Retour de l´eugénisme*, Paris, Presses universitaires de France, 317 p.

Geary, D. C. & Flinn, M. V., 2002. "Evolution of human parental behavior and the human family", *Parenting: Science and practice*, 1, p. 5-61.

Geary, D. C., 2003. *Hommes, femmes. L´évolution des différences sexuelles humaines*, Bruxelas, De Boeck, 481 p.

Geary, D. C., 2005. "Evolution of paternal investment", in *The Handbook of evolutionary psychology* (Buss, D. M., dir.), Hoboken, Nova Jersey, Wiley, p. 483-505.

Geary, D. C., 2006. "Coevolution of paternal investment and cuckoldry in humans", in *Female Infidelity and Paternal Uncertainty. Evolutionary perspective on male anticuckoldry tactics* (Platek, S. M. & Shackelford, T. K., dir.), Cambridge, Cambridge University Press, p. 14-34.

Genlis, Mme. de, 2004. *Mémoires*, Paris, Mercure de France, 391 p.

Gibson, M. A. & Mace, R., 2005. "Helpful grandmothers in rural Ethiopia: a study of the effect of kin on child survival and growth", *Evolution and Human Behavior*, 26, p. 469-482.

Goldman, R. & Goldman, J., 1982. *Children´s Sexual Thinking. A comparative study of children aged 5 to 15 years in Australia, North America, Britain and Sweden,* Londres, Routledge & Kegan Paul, 485 p.

Goldstein, J. M., Seidman, L. J., Horton, N. J., Makris, N., Kennedy, D. N., Caviness Jr., V. S., Faraone, S. V. & Tsuang, M. T., 2002. "Normal sexual dimorphism of the adult human brain assessed by in vivo magnetic resonance imaging", *Cerebral Cortex*, 11, p. 490-497.

Gould, R. G., 2000. "How many children could Moulay Ismail have had?", *Evolution and Human Behavior*, 21, p. 295-296.

Graham, N. M. H., Burrell, C. J., Douglas, R. M., Debelle, P. & Davies, L., 1990. "Adverse effects of aspirin, acetaminophen and ibuprofen on immune function, viral shedding, and clinical status in rhinovirus-infected volunteers", *The Journal of Infectious Disease*, 162, p. 1277-1282.

Greenblatt, R. B., 1972. "Inappropriate lactation in men and women", *Medical Aspects of Human Sexuality,* 6, p. 25-33.

Guarner, F., Bourdet-Sicard, R., Brandzaeg, P., Gill, H. S., McGuirk P., Van Eden, W., Versalovic, J., Weinstock, J. V. & Rook, G. A., 2006. "Mechanisms of disease: the hygiene hypothesis revisited", *Nature Clinical Practice Gastroenterology & Hepathology* 3, p. 275-284.

Gur, R. C., Turetsky, B. I., Matsui, M., Yan, M., Bilker, W., Hughett, P. & Gur, R. E., 1999. "Sex differences in brain gray and white matter in healthy young adults: correlations with cognitive performance", *Journal of Neuroscience*, 19, p. 4065-4072.

Gutierrez H. & Houdaille, J., 1983. "La mortalité maternelle en France au XVIIIe siècle", *Population*, 38, p. 975-994.

H., J., 1973. "Évolution de la mortalité maternelle dans les pays industriels (1947-1969)", *Population*, 28, p. 137-139.

Haas, J., 1990. *The Anthropology of War*, Cambridge, Cambridge University Press, 242 p.

Haechler, J., 2001. *Le Règne des femmes, 1715-1793*, Paris, Grasset, 493 p.

Hausfater, G. & Hrdy, S. B. (dir.), 1984. *Infanticide: comparative and evolutionary perspectives*, Nova York, Aldine, 598 p.

Hawks, J., Wang, E. T., Cochranm, G. M., Harpending, H. C. & Moyzis, R. K., 2007. "Recent acceleration of human adaptive evolution", *Proceedings of the National Academy of Sciences, USA*, 104, p. 20753-20758.

Helle, S., Helama, S. & Jokela, J., 2007. "Temperature-related birth sex ratio bias in historical Sami: warm years bring more sons", *Biology Letters*, DOI, 101098- rsbl.2007.0482.

Henderson, J. B., Dunnigan, M. G., McIntosh, W. B., Abdul-Motaal, A. A., Gettinby, G. & Glekin, B. M., 1987. "The importance of limited exposure to ultraviolet radiation and dietary factors in the aetology of Asian rickets: a risk factor model", *Quarterly Journal of Medicine*, 63, p. 413-425.

Herdt, G. H. (dir.), 1984. *Ritualized homosexuality in Melanesia*, Berkeley, University of California Press, 409 p.

Héritier, F., 2007. "Le vade-mecum du male dominant", *Le Monde 2*, 3 février, p. 17-25.

Herman, R. A. & Wallen, K., 2007. "Cognitive performance in rhesus monkeys varies by sex and prenatal androgen exposure", *Hormone and Behavior*, 51, p. 496-507.

Hill, K. & Hurtado, A. M., 2002. "The evolution of premature reproductive senescence and menopause in human females: an evaluation of the Grandmother Hypothesis", *Human Nature*, 2, p. 313-350.

Hines, M., Golombok, S., Rust, J., Johnston, K. J., Golding J. & the ALSPAC study team, 2002. "Testosterone during pregnancy and childhood gender role behavior: a longitudinal population study", *Child Development*, 73, p. 1678-1687.

Hladik, C.-M. & Picq, P., 2002. "Au bon goût des singes. Bien manger et bien penser chez l'Homme et les singes", in *Aux origines de l'humanité. Le propre de L'Homme* (Picq, P. & Coppens, Y., dir.), Paris, Fayard, p. 141-145.

Holden, C, 2005. "Sex and the suffering brain", *Science*, 308, p. 1574-1577.

Holmes, M. M., Rosen, G. J., Jordan, C. L., De Vries, G. J., Goldman, B. D. & Forger, N. G., 2007. "Social control of brain morphology in a eusocial mammal", *Proceedings of the National Academy of Sciences, USA*, 104, p. 10548-10552.

Horn, G., 1986. "Imprinting, learning and memory", *Behavioral Neuroscience,* 100, p. 825-832.

Hrdy, S. B. & Judge, D. S., 1993. "Darwin and the puzzle of primogeniture: an essay on biases in parental investiment after death", *Human Nature*, 4, p. 1-45.

Hrdy, S. B., 1979. "Infanticide among animals: a review, classification, and estimation of the implications for the reproductive strategies of females." *Ethology and Sociobiology*, 1, p. 13-40.

Huff, M. W., Roberts, D. C. & Carroll, K. K. 1982. "Long-term effects of semipurified diets containing casein or soy protein isolate on atherosclerosis and plasma lipoproteins in rabbits", *Atherosclerosis*, 41, p. 327-336.

Huffman, M. A., 1995. "La pharmacopée des chimpanzés", *La Recherche*, 280, pp. 66-71.

Huffman, M. A., 2002. "Origines animales de la médecine par les plantes", in *Des sources du savoir aux médicaments du futur* (Fleurentin, J., Pelt J. M. & Mazars, G., dir.) IRD Éditions, Paris, p. 43-54.

Huffman, M. A., Elias, R., Balansard, G., Ohigashi, H.& Nansen, P., 1998. "L´automédication chez les singes anthropoïdes: une étude multidisciplinaire sur le comportement, le régime alimentaire et la santé", *Primatologie,* 1, p. 179-204.

Hugi, D., Tappy, L. Sauerwein, H., Bruckmaier, R. M. & Blum, J. W., 1998. "Insulin-dependent glucose utilization in intensively milk-fed veal calves is modulated by supplemental lactose in an age-dependent manner", *Journal of Nutrition*, 128, p. 1023-1030.

Hurlbert, A. C. & Ling, Y., 2007. "Biological components of sex differences in color preference", *Current Biology*, 17, p. R623-R625.

Inoue, S. & Matsuzawa, T., 2007. "Working memory of numerals in chimpanzees", *Curent Biology*, 17, p. R1004.

Jablonski, N. G. & Chaplin, G., 2000. "The evolution of the human skin coloration", *Journal of Human Evolution,* 39, p. 56-107.

Jacob, F., 1999. "Éloge du darwinisme", depoimentos recolhidos por Gouyon, P.-H. & Lecourt, D., *Magazine littéraire*, 374, p. 18-23.

Jacobs, G. H., 1995. " Variations in primate color vision: mechanisms and utility", *Evolutionary Anthropology*, 3, p. 196-205.

James, W. H., 1987. "The human sex ratio. Part I: a review of the literature", *Human Biology*, 59, p. 721-752.

Jameson, K. A., Highnote, S. & Wasserman, L., 2002. "Richer color experience for observers with multiple photopigment opsin genes", *Psychonomic Bulletin & review*, 8, p. 244-261.

Jedlicka, D., 1980. "A test of the psychoanalytic theory of mate selection", *Journal of Social Psychology*, 112, p. 295-299.

Jermy, T., 1984. "Evolution of insect/ host plant relationships", *American Naturalist*, 124, p. 609-630.

Jiang, M., Ryu, J., Kiraly, M., Duke, K., Reinke, V. & Kim, S. K., 2002. "Genome-wide analysis of developmental and sex-regulated gene expression profiles", in *Caenorhabditis elegans. Proceedings of the National Academy of Sciences, USA*, 98, p. 218-223.

Joignot, F., 2006. "Bien manger pour bien penser", *Le Monde 2*, 132, p. 10-17.

Jomand-Baudry, R., 2003. "Le Kam d´Anserol et autres variations allégoriques", in *Le Régent, entre fable et histoire* (Reynaud, D. & Thomas, C. dir.), Paris, CNRS Éditions, p. 121-131.

Judson, O. P., 2004. *Manuel universel d´éducation sexuelle*, Paris, Le Seuil, 329 p.

Julliard, J.-F., 2006. "Un expert qui ne manque pas d´estomac", *Le Canard Enchaîné*, 4480, p. 4.

Kahn, S. E., Hull, R. L. & Utzschneider, K. M., 2006. "Mechanisms linking obesity to insulin resistance and type 2 diabetes", *Nature*, 444, p. 840-846.

Kaiser, A., Kuenzli, E., Zappatore, D. & Nitsch, C., 2007. "On females 'lateral and males' bilateral activation during language production; A fMRI study", *International Journal of Psychophysiology*, 63, p. 192-198.

Kalhan, R., Puthawala, K., Agarwarl, S., Amini, S. B. & Kalhan S. C., 2002. "Altered lipid profiles, leptin, insulin and anthropometry in offspring of South Asian immigrants in the United States", *Metabolism,* 50, p. 1197-1202.

Kaplan, H. & Hill, K., 1985. "Hunting ability and reproductive success among male Ache foragers", *Current Anthropology*, 26, p. 131-133.

Katz, S. H., 1987. "Food and biocultural evolution: a model for the investigation of modern nutritional problems" in *Nutritional Anthropology* (Johnston, F. E., dir.), Nova York, Alan R. Liss, p. 41-63.

Katz, S. H., Hediger, M. L. & Valleroy, L. A., 1974. "Traditional maize processing techniques in the New World", *Science,* 184, p. 765-773.

Keller, A., Zhuang, H., Chi, Q., Vosshall, L. B. & Matsumani, H., 2007. "Genetic variation in a human odorant receptor alters odour perception", *Nature, 449, p. 468-472.*

Kendler, K. S., Thornton, L. M., Gilman, S. E. & Kessler, R.C., 2000. "Sexual orientation in a US national sample of twin and nontwin sibling pairs", *American Journal of Psychiatry*, 157, p. 1843-1846.

Kendrick, K. M., Hinton, M.R., Atkins, K., Haupt, M. A. & Skinner, J. D., 1998. "Mothers determine sexual preferences", *Nature*, 395, p. 229-230.

Kim, K. & Smith, P.K., 1998. "Retrospective survey of parental marital relations and child reproductive development. International". *Journal of Behaviorial Development*, 22, p. 729-751.

Kim, K. & Smith, P.K., 1999. "Family relations in early childhood and reproductive development", *Journal of Reproductive and Infant Psychology*, 17, p. 133-147.

Kirkpatrick, M., 1996. "Genes and adaptation: a pocket guide to the theory", in *Adaptation* (Rose, M. R. & Lauder, G. V., dir.), São Diego, Academic Press, p. 125-146.

Kirkpatrick. R. C., 2000. "The evolution of human homosexual behavior", *Current Anthropology*, 41, p. 385-413.

Kirsch, I., Deacon, B. J., Huedo-Medina, T. B., Scoboria, A., Moore, T. J. & Johnson, B. T., 2008. "Initial severity and antidepressant benefits: a meta-analysis of data submitted to the Food and Drug Administration", *PLOS Medicine*, 5, p. 260-268.

Klein, N., Fröhlich, F. & Krief, S., 2008. "Geophagy: soil consumption enhances the bioactivities of plants eaten by chimpanzees", *Naturwissenschaften*, 95, p. 325-331.

Kluger, M. J., 1979. "Phylogeny of fever", *Federation Proceedings*, 38, p. 30-34.

Kluger, M. J., Kozak, W., Conn, C.A., Leon, L.R. & Soszinski, D., 1996. " The adaptative value of fever", *Infectious Disease Clinics of North America*, 10, p. 1-20.

Knauft, B. M., 1987. "Reconsidering violence in simple human societies – Homicide among the Gebusi of New Guinea", *Current Anthropology*, 28, p. 457-500.

Kull. I., Wickman, M., Lilja, G., Nordval, S. L. & Pershagen, G., 2002. "Breast feeding and allergic diseases in infants – a prospective birth cohort study", *Archives of Disease in Childhood*, 87, p. 478-481.

La Fontaine, J. S., 1959. *The Gisu of Uganda*, Londres, International African Institute, 68 p.

Laburthe-Tolra, P., 1981. *Les Seigneurs de la forêt. Essai sur le passé historique, l'organisation sociale et les normes éthiques de anciens Beti du Cameroun*, Paris, Publications de la Sorbonne, 490 p.

Laham, S. M., Gonsalkorale, K. & von Hippel, W., 2005. "Darwinian grandparenting: preferential investment in more certain kin", *Personality and Social Psychology Bulletin*, 31, p. 63-72.

Lahdenperä M., Lummaa, V., Helle, S., Tremblay, M. & Russel, A. F., 2004. "Fitness benefit of prolonged post-reproductive lifespan in women", *Nature*, 428, p. 178-181.

Lahdenperä M. , Russell, A. F. & Lummaa, V. 2007. "Selection for long lifespan in men: benefits of grand-fathering?" *Proceedings of the Royal Society of London*, B 274, p. 2437-2444.

Lancaster, J. B. & King, B. J., 1992. "An evolutionary perspective on menopause", in *In Her Prime: new views of middle-aged women* (Kerns, V. & Brown, J. K. dir.), Chicago, University of Illinois Press, 2a. Ed., p. 7-15.

Le Vay, S., 1996. *Queer Science. The use and abuse of research into homosexuality*, Cambridge, MA, MIT Press, 364 p.

Lee, D.-H., Folson, A. R., Harnack, L. Halliwell, B. & Jacobs, Jr., D. R., 2004. "Does supplemental vitamin C increase cardiovascular disease risk in women with diabetes?", *American Journal of Clinical Nutrition,* 80, p. 1194-1200.

LeGrand, E. K. & Brown, C.C., 2002. "Darwinian medicine: Applications of evolutionary biology for veterinarians", *Canadian Veterinary Journal*, 43, p. 556-559.

Lemoine, P., 2006. *Le mystère du placebo*, Paris, Odile Jacob, 236 p.

Lévi-Strauss, C., 1955. *Tristes Tropiques*, Paris, Plon, 464 p.

Lienhart, R. & Vermelin, H., 1946. "Observation d´une famille humaine à descendance exclusivement féminine. Essai d´interprétation de ce phénomène", *Société de biologie de Nancy*, 140, p. 537-540.

Liggett, S. B., Mialet-Perez, J., Thaneemit-Chen, S., Weber, S. A., Greene, S. M., Hodne, D., Nelson, B., Morrison, J., Domanski, M. J., Wagoner, L. E., Abraham, W. T., Anderson, J. L., Carlquist, J. F., Krause-Steinrauf, H. J., Lazzeroni, L. C., Port, J. D., Lavori, P. W. & Bristow, M. R., 2006. "A polymorphism within a conserved β-adrenergic receptor motif alters cardiac function and β-blocker responseinhuman heart failure", *Proceedings of the National Academy of Sciences*, 103 p. 11288-11293.

Linde, K., Scholz, M., Ramirez, G., Clausius, N., Melchart, D. & Wayne, B. J., 1999. "Impact of study quality on outcome in placebo-controlled trials of homeopathy", *Journal of Clinical Epidemiology*, 52, p. 631-636.

Lindeberg, S., Cordain, L. & Eaton, S. B., 2003. "Biological and clinical potential of a palaeolithic diet", *Journal of Nutritional & Environmental Medicine*, 13, p. 1-12.

Lindstedt, E. R., Oh, K. P. & Badyaev, A. V., 2007. "Ecological, social and genetic contingency of extrapair behavior in a socially monogamous bird", *Journal of Avian Biology*, 38, p. 214-223.

Ling, Y., Robinson, L. & Hurlbert, A., 2004. "Colour preference: sex and culture", *Perception*, 33s, p. 45.

Little, A. C., Penton-Voak, I. S., Burt, D. M. & Perrett, D. I., 2003. "Investigating an imprinting-like phenomenon in humans: partners and opposite-sex parents have similar hair and eye colour", *Evolution and Human Behavior*, 24, p. 43-51.

Lizot, J., 1976. "*Le Cercle des feux. Faits et dits des Indiens yanomami*, Paris, Le Seuil, 253 p.

Lorrain, J. L., 2003. "Rapport d´information fait au nom de la Commission des affaires sociales et du Groupe d´études sur les problématiques de l´enfance et de l´adolescence sur l'adolescense en crise", Sénat, rapport nº 242, http://www.senat.fr/rap/r02-242/r02-2421.pdf

Loudon, I., 1992. *Death in Childbirth, An international study of maternal care and maternal mortality 1800-1950.* Oxford, Clarendon Press, 622 p.

Lubbock, J., 2005. *The Origin of Civilization and the Primitive Condition of Man*, Whitefish, Montana, Kessinger Publishing, 528 p.

Ludwig, D. S., Peterson, K. E. & Gortmaker, S. L., 2002. "Relation between consumption of sugar-sweetened drinks and childhood obesity: a prospective, observational analysis", *Lancet*, 357, p. 505-508.

Lyons, W. R., 1937. "The hormonal basis for 'Witches' Milk", *Proceedings of the Society for Experimental Biology and Medicine*, 37, p. 207-209.

Maguire, E. A., Gadian, D. G., Johnsrude, I. S., Good, C. D., Ashburner, J., Frackowiak, R. S.J. & Frith, C. D., 2000. "Navigation-related structural change in the hippocampi of taxi drivers", *Proceedings of the National Academy of Sciences, USA*, 97, p. 4398-4403.

Maguire, E. A., Woollett, K. & Spiers, H. J., 2006. "London taxi drivers and bus drivers: a structural MRI and neuropsychological analysis", *Hippocampus*, 16, p. 1091-1101.

Manson, J. H. & Wrangham, R. W., 1992. "Intergroup aggression in chimpanzees and humans", *Current Anthropology*, 32, p. 369-390.

Marks, L. V., 2001. *Sexual Chemistry. A history of the contraceptive pill*, New Haven, Yale University Press, 372 p.

Marshall, K. M., 1959. "Marriage among the! Kung Bushmen", *Africa*, 29, p. 335-364.

Masson, F., 1894. *Napoléon et les Femmes*, Paris, Paul Ollendorff, 334 p.

Matchock, R. L. & Susman, E. J., 2006. "Family composition and menarcheal age: anti-inbreeding strategies", *American Journal of Human Biology*, 18, p. 481-491.

Maynard Smith, J., 1978. *The evolution of Sex*, Cambridge, Cambridge University Press, 222 p.

Maynard Smith, J., 1998. *Evolutionary genetics*, Oxford, Oxford University Press, 354 p.

McBride, W. G., 1962. "Thalidomide and congenital abnormalities", *The Lancet*, 2, p. 1358.

McClain, R., Wolz, E., Davidovich, A. & Bausch, J., 2006. "Genetic toxicity with genistein", *Food and Chemical Toxicology*, 44, p. 42-55.

McCracken, R. D., 1972. "Lactose deficiency: an example of dietary evolution", *Current Anthropology*, 12, p. 479-517.

McLain, D. K., Setters, D., Moulton, M. P. & Pratt, A. E., 2000. "Ascription of resemblance of newborns by parents and nonrelatives", *Evolution and Human Behavior*, 21, p. 11-23.

McNair, A., Gudmand-Hoyer, E., Jarnum, S. & Orrild, L., 1972. "Sucrose malabsorption in Greenland", *British Medical Journal*, 2, p. 19-21.

Melin, A. D., Fedigan, L. M., Hiramatsu, C., Sendall, C. L. & Kawamura, S., 2000. "Effects of colour vision phenotype on insect capture by a free-ranging population of white-faced capuchins (*Cebus Capucinus*)", *Animal Behavior*, 73, p. 205-214.

Melton, L., 2002. "His pain, her pain", *New Scientist*, 2326, p. 32-35.

Melton, L. 2006. "The antioxidant myth: a medical fairy tale", *New Scientist*, 2563, p. 40-43.

Meyer, B. J., 1997. "Sex determination and X chromosome dosage compensation", in *C. Elegans II* (Riddle, D. L., Blumenthal, T., Meyer, B. J. & Priess, J. R., dir.), Plainview, New York, Cold Spring Harbor Laboratoroy Press, p. 209-240 (disponível on-line, http://www.ncbi.nlm.nih.gov/books/bv.fcgi?rid=ce2.section.312).

Meyer, C. (dir.), 2005. *Le livre noir de la psychanalyse*, Paris, Les Arènes, 831 p.

Møller, A. P., 1988. "Female choice selects for male sexual tail ornament in the monogamous swallow", *Nature*, 332, p. 640-642.

Møller, A. P., 1994. *Sexual Selection and the Barn Swallow*, Oxford, Oxford University Press, 376 p.

MRC Vitamin Study Research Group, 1992. "Prevention of neural tube defects: results of the Medical Research Coucil vitamin study", *Lancet*, 338, p. 131-137.

Muller, M.N., 2002. "Sexual mimicry in hyenas", *The Quarterly Review of Biology*, 77, p. 3-14.

Murray, S. O. 2000. *Homosexualities*, Chicago, University of Chicago Press, p. 507.

Nabhan, G. P., 2004. *Why Some Like it Hot. Food, genes, and cultural diversity*, Washington DC, Island Press, 233 p.

Neitz, M. & Neitz, J.1998. "Molecular genetics and the biological basis of color vision", in *Color, Vision, perspectives from different disciplines* (Backhaus, W., Kliegl, R. & Werner, J. S., dir.), Berlin, Walter de Gruyter, p. 101-119.

Nesse, R. M. & Williams, G. C., 1996. *Why We Get Sick. The new science of Darwinian medicine*, Nova York, Vintage Books, 290 p.

Nesse, R. M., Stearns, S.C. & Omenn, G.S., 2006. "Medicine needs evolution", *Science*, 311, p. 1071.

Nettle, D., 2003. " Height and reproductive success in a cohort of British men", *Human Nature*, 13, p. 473-491.

Neukirch, F., 2005. "Épidémiologie des allergies respiratoires", in *Histoire naturelle de l´allergie respiratoire* (Vervloet, D., dir.), Paris, Éditions médicales, p. 26-37.

Norton, R., 1997. *The Myth of the Modern Homosexual. Queer history and the search for cultural unity*, Londres, Cassell, 310 p.

Olivier, B. & Parisi, M., 2004. "Battle of the Xs", *BioEssays*, 26, p. 543-548.

Orr, H. A. & Coyne, J. A., 1992. "The genetics of adaptation: a reassessment", *The American Naturalist*, 140, p. 725-742.

Parisi, M., Nutall, R., Naiman, D. Bouffard, G., Malley, J., Andrews, J., Eastman, S. & Oliver, B., 2003. "Paucity of genes on the *Drosophila* X chromosome showing male-biased expression", *Science*, 299, p. 697-700.

Parker, G. A., Baker, R. R. & Smith, V. G. V., 1972. "The origin and evolution of gamete dimorphism and the male-female phenomenon", *Journal of Theoretical Biology*, 36, p. 529-553.

Pawlowski, B., Bunbart, R. I. M. & Lipowicz, A., 2000. "Tall men have more reproductive success", *Nature*, 403, p. 156.

Pêcheur, J., 2008. "Le troisième sexe des Zapothèques", *Le Monde 2*, 26 janeiro, p. 48-51.

Perrett, D. I., Penton-Voak, I. S., Little, A. C., Tiddeman, B. P, Burt, D. M., Schmidt, N., Oxley, R., Kinloch, N.& Barrett, L., 2002. "Facial attractiveness judgements reflect learning of parental age characteristics", *Proceedings of the Royal Society of London*, B 269, p. 873-880.

Perry, G. H., Dominy, N. J., Claw, K. G., Lee, A. S., Fiegler, H., Redon, R., Werne, J., Villanea, F. A., Mountain, J. L., Misra, R., Carter, N. P., Lee, C. & Stone., A. C., 2007. "Diet and the evolution of human amylase gene copy number variation", *Nature Genetics*, 39, p. 1256-1260.

Pérusse, D., 1993. "Cultural and reproductive success in industrial societies: testing the relationship at the proximate and ultimate levels", *Behavioral and Brain Sciences*, 16, p. 267-322.

Peters, N. J., 2007. *Conodrum. The evolution of homosexuality*, Bloomington, Indiana AuthorHouse, 192 p.

Picariello, M. L., Greenberg, D.N. & Pillemer, D. B., 1990. "Children´s sex-related stereotyping of colors", *Child Development*, 61, p. 1453-1460.

Picq, P. & Coppens, Y. (dir.), 2001. *Aux origines de l´humanité. Le propre de l´homme*, Paris, Fayard, 567 p.

Pillard, R. Weinrich, J., 1986. "Evidence of familial nature of male homosexuality", *Archives of General Psychiatry*, 43, p. 808-812.

Platek, S. & Shackelford, T. K. (dir.), 2006. *Female Infidelity and Paternal Uncertainty. Evolutionary perspective on male anti-*

cuckoldry tactics. Cambridge, Cambridge University Press, 248 p.

Platek, S. M. & Thomson, J. W., 2006. "Children on the mind: sex differences in neural correlates of attention to a child´s face as function of facial resemblance", in *Female Infidelity and Paternal uncertainty. Evolutionary perspective on male anti-cuckoldry tactics* (Platek, S. M. & Shackelford, T. K., dir.), Cambridge, Cambridge University Press, p. 224-241.

Platek, S. M., Keenan, J. P. & Mohamed, F. B., 2005. "Sex differences in the neural correlates of child facial resemblance: an event-related fMRI study", *NeuroImage*, 25, p. 1336-1344.

Platek, S. M., Raines, D. M., Gallup, G. G., Jr., Mohamed, F. B., Thomson, J. W., Myers, T. E., Panyavin, I. S., Levin, S. L., Davis, J. A., Fonteyn, L. C. M. & Arigo, D. R., 2004. "Reactions to children's faces: males are more affected by resemblance than females are, and so are their brains", *Evolution and Human Behavior*, 25, p. 394-405.

Plomin, R. & Daniels, D., 1987. "Why are children in the same family so different from one another", *Behavioral and Brain Sciences*, 10, p. 1-60.

Pollack, R., 2005. "Bettelheim l´imposteur", in *Le Livre noir de la psychanalyse* (Meyer, C. dir.), Paris, Les Arènes, p. 533-548.

Pollet, T. V., Nettle, D. & Nelissen, M., 2006. "Contact frequencies between grandparents and grandchildrens in a modern society: estimates of the impact of paternity uncertainty", *Journal of Cultural and Evolutionary Psychology*, 4, p. 203-214.

Postel-Vinay, O., 2007. *La Revanche du chromosome X. Enquête sur les origines et le devenir du féminin*, Paris, J.C. Lattès, 440 p.

Profet, M., 1992. "The function of allergy: immunological defense against toxins", *The Quarterly Review of Biology*, 66, p. 23-62.

Profet, M., 1992. "Pregnancy sickness as adaptation: a deterrent to maternal ingestion of teratogens", in *The Adaptated Mind. Evolutionary psychology and the generation of culture* (Barkow, J., Cosmides, L. & Tooby, J., dir.), Oxford, Oxford University Press, p. 327-365.

Putnam, R. D., 1996. "The strange disappearance of civic America", *The American Prospect*, 24, p. 34-48.

Quervain, de, D. J.- F., Fischbacher, U., Treyer, V., Schellhammer, M., Schnyder, U., Buck, A. & Fehr, E., 2004. "The neural basis of altruistic punishment", *Science*, 305, p. 1254-1258.

Quinlan, R. J., 2003. "Father absence, parental care, and female reproductive development", *Evolution and Human Behavior*, 24, p. 376-390.

Quinsey, V.L., 2003. "The etiology of anomalous preference in men", *Annals of the New York Academy of Sciences*, 989, p. 105-117.

Rahman, Q. & Hull, M. S., 2005. "An empirical test of the kin selection hypothesis for male homosexuality", *Archives of Sexual Behavior*, 34, p. 461-467.

Reaven, G. M., 1994. "Syndrome X: 6 years later", *Journal of Internal Medicine*, 236, p. 13-22.

Reeves, G. K., Pirie, K., Beral, V., Green, J., Spencer, E., Bull, D. & Million Women Study Collaboration, 2007. "Cancer incidence and mortality in relation to body mass index in the

Million Women Study: cohort study", *British Medical Journal*, 335, p. 1134-1144.

Regalski, J. & Gaulin, S., 1993. "Whom are mexican infants said to resemble? Monitoring and fostering paternal confidence in the Yucatan", *Ethology and Sociobiology*, 14, p. 97-113.

Regan, B. C., Julliot, C., Simmen, B., Viénot, F., Charles-Dominique, P. & Mollon, J. D., 2002. "Fruits, foliage and the evolution of primate colour vision", *Philosophical Transactions of the Royal Society of London*, B 356, p. 229-283.

Remafedi, G., 1999. "Suicide and sexual orientation; nearing the end of controversy?", *Archives of General Psychiatry*, 56, p. 885-886.

Rice, W. R., 1996. "Sexually antagonistic male adaptation triggered by experimental arrest of female evolution", *Nature*, 381, p. 232-234.

Riddle, J. M., 1992. *Contraception and Abortion from the Ancient World to the Renaissance*, Cambridge, MA, Harvard University Press, 245 p.

Riddle, J. M., 1997. *Eve´s Herbs. A history of contraception and abortion in the West*, Cambridge, MA, Harvard University Press, 341 p.

Ridley, M., 2004. *Evolution*, Oxford, Blackwell, 792 p.

Rinn, J. L. & Snyder, M., 2005. "Sexual dimorphism in mammalian gene expression", *Trends in Genetics*, 21, p. 298-305.

Robbins, M., 1996. "Male-male interactions in heterosexual and all-male wild mountain gorilla groups", *Ethology*, 102, p. 942-965.

Ronald, M., Weigel, M. & Weigel, M., 1989. "Nausea and vomiting of early pregnancy and pregnancy outcome. A meta-analytical review", *British Journal of Obstetrics and Gynecology*, 96, p. 1312-1318.

Roselli, C. E., Resko, J. A. & Stormshak, F., 2002. "Hormonal influences on sexual partner preference in rams", *Archives of Sexual Behavior*, 31, p. 43-49.

Rousseau, J.-J., 1966. *Émile ou De l'éducation*. Paris, Garnier-Flammarion, 629 p.

Rowe, N., 1996. *The Pictorial Guide to the Living Primates*, East Hampton, Nova York, Pogonias Press, 263 p.

Saito, A., Mikami, A., Hosokawa, T. & Hasegawa, T., 2006. "Advantage of dichromats over trichromats in discrimination of color-camouflaged stimuli in humans", *Perceptual and Motor Skills*, 102, p. 3-12.

Saito, A., Mikami, A., Kawamura, S., Ueno, Y., Hiramatsu, C., Widayati, K. A., Suryobroto, B., Teramoto, M., Mori, Y., Nagano, K., Fujita, K., Kuroshima, H. & Hasegawa, T., 2005. "Advantage of dichromats over trichromats in discrimination of color-camouflaged stimuli in nonhuman primates", *American Journal of Primatology*, 67, p. 425-436.

Salanave, B., Bouvier-Colle, M. H., Varnoux, N., Alexander, S., Macfarlane, A. & Moms group, 1999. "Classification differences and maternal mortality: a European study", *International Journal of Epidemiology*, 28, p. 64-69.

Salmon, C., 2005. "Parental investment and parent-offspring conflict", in *The Handbook of Evolutionary Psychology* (Buss, D. M., dir.), Hoboken, Nova Jersey, Wiley, p. 506-527.

Sasse, G. Hansjakob, M., Chakraborty, R. & Ott, J., 1994. "Estimating the frequency of nonpaternity in Switzerland", *Human Heredity*, 44, p. 337-343.

Schiefenhövel, W., 1980. "Primitive childbirth – anachronism or challenge to modern obstetrics?", Barcelona, Proceedings of the 7th European Congress of Perinatal Medicine, p. 40-49.

Schiefenhövel, W., 1990. "Ritualized adult-male/ adolescent-male sexual behavior in Melanesia: an anthropological and ethological perspective", in *Pedophilia* (Feierman, J. R., dir.), Nova York, Springer p. 394-421.

Schiefenhövel, W., 1997. "Good taste and bad taste. Preferences and aversions as biological principles", in *Food Preferences and Taste. Continuity and change* (MacBeth, H., dir.), Oxford, Berghalm Books, p. 55-64.

Schiefenhövel, W., Siegmund, R. & Wermke, K., 1997. "Evolutionary, chronobiological and economic aspects of food", *Social Biology and Human Affairs*, 62, p. 1-10.

Schlegel, A., 1995. "A cross-cultural approach to adolescence", *Ethos*, 23, p. 15-32.

Sergent, B., 1996. *Homosexualité et Initiation chez les peuples indo-européens*, Paris, Payot, 670 p.

Shafir, T., Angulo-Barroso, R., Calatroni, A., Jimenez, E. & Lozoff, B., 2006. "Effects of iron deficiency in infancy on patterns of motor development over time", *Human Movement Science*, 25, p. 821-838.

Shanley, D. P. & Kirkwood, T. B. L., 2002. "Evolution of the human menopause", *BioEssays*, 23, p. 282-287.

Shaywitz, B. A., Shaywitz, S. E., Pugh, K. R., Constable, R. T., Skudlawski, P., Fullbright, R. K., Bronen, R. A., Fletcher, J. M., Shankwiler, D. P., Katz, L. & Gore, J. C., 1995. "Sex differences in the functional organization of the brain for language", *Nature*, 373, p. 607-609.

Sheldon, B. C. & Ellegren, H., 1998. "Paternal effort related to experimentally manipulated parternity of male collared Flycatchers", *Proceedings of the Royal Society of London*, B 265, p. 1737-1742.

Sherman, P. W., 1998. "The evolution of menopause", *Nature,* 392, p. 759-760.

Sicotte, P., 2002. "Female mate choice in mountain gorillas", in *Mountain Gorillas: three decades of research at Karisoke* (Robbins, M. M., Sicotte, P. & Stewart, K. J., dir.), Cambridge, Cambridge University Press, p. 59-87.

Simoons, F. J., 1978. "The geographic hypotheses and lactose malabsorption", *Digestive Diseases*, 23, p. 963-980.

Simopoulos, A. P., 1999. "Genetic variation and nutrition", in *Evolutionary aspects of nutrition and health* (Simopoulos, A. P. dir.), Bâle, Karger, p. 118-140.

Skuse, D. H., 2000. "Imprinting, the X-chromosome, and the male brain: explaining sex difference in the liability to autism", *Pediatric Research*, 47, p. 9-16.

Smith, P. K., 1982. "Does play matter? Functional and evolutionary aspects of animal and human play", *Behavioral and Brain Sciences*, 5, p. 139-184.

Soffritti, M., Belpoggi, F., Degli Esposti, D., Lambertini, L., Tibaldi, E. & Rigano, A., 2006. "First experimental demonstration of the multipotential carcinogenic effects of aspartame adminstered in the feed to Sprague-Dawley rats", *Enviromenmental Health Perspectives*, 114, p. 379-385.

Sommer, I. E., Aleman, A., Bouma, A. & Kahn, R. S., 2004. "Do women really have more bilateral language representation than men? A meta-analysis of functional imaging studies", *Brain*, 127, p. 1845-1852.

Spielman, R. S., Bastone, L. A., Burdick, J. T., Morley, M., Ewens, W. J. & Cheung, V. G., 2007. " Common genetic variants account for differences in gene expression among ethnic groups", *Nature Genetics*, 39, p. 226-231.

Stinson, S., 1992. "Nutritional adaptation", *Annual Review of Anthropology*, 21, p. 143-170.

Sulloway, F. J., 1992. "Reassessing Freud´s case histories: the social construction of psychoanalysis", *Isis*, 82, p. 245-275 (pdf em http://www.sulloway.org/pubs.html)

Sulloway, F. J., 1995. "Birth order and evolutionary psychology: a meta-analytic review", *Psychological Inquiry*, 6, p. 78-80.

Sulloway, F. J., 1996. *Born to Rebel*, Nova York, Pantheon Books, 653 p.

Sulloway, F. J., 2002. "Birth order, sibling competition, and human behavior", in *Conceptual Challenges in Evolutionary Psychology: innovative research strategies* (Davies, P. S. & Holcomb, H. R., dir.), Boston, Kluwer Academic Publishers, p. 39-83.

Summers, R. W., Elliott, D. E., Urban, J. F., Thompson, R. & Weinstock, J. V., 2005. "*Trichuris suis* therapy in Crohn´s disease", *Gut*, 54, p. 87-90.

Surridge, A. K., Osorio, D. & Mundy, N. I., 2003. "Evolution and selection of trichromatic vision in primates", *Trends in Ecology and Evolution*, 18, p. 198-205.

Svanes, C., Jarvis, D., Chinn, S. & Burney, P., para a European Community Respiratory Health Survey, 1999. "Childhood environment and adult atopy: results from the European Community Respiratory Health Survey", *Journal of Allergy and Clinical Immunology*, 103, p. 415-420.

Sverdrup, H. U., 1938. *With the People of the Tundra*, Oslo, Gyldendal Norsk Forlag, 175 p.

Swithers, S. E. & Davidson, T. L., 2008. "A role for sweet taste: calorie predictive relations in energy regulation by rats", *Behavioral Neuroscience*, 122, p. 161-173.

Tabet, P., 2004. *La Grande Arnaque. Sexualité des femmes et échanges économico-sexuels*, Paris, L'Harmattan, 210 p.

Takahata, Y., Koyama, N. & Suzuki, S., 1995. "Do the old aged females experience a long post-reproductive life span?: the cases of japanese macaques and chimpanzees", *Primates*, 36, p. 169-180.

Tallal, P., 1992. "Hormonal influences in developmental learning disabilities", *Psychoneuroendocrinology*, 16, p. 203-211.

Tamisier, J. C., 1998. *Dictionnaire des peuples*, Paris, Larousse, 413 p.

Temple, J. L., Giacomelli, A. M., Kent, K. M., Roemmich, J. N. & Epstein, L. H., 2007. "Television watching increases motivated responding for food and energy intake in children", *American Journal of Clinical Nutrition*, 85, p. 355-361.

The Alpha-Tocopherol Beta-Carotene Cancer Prevention Study Group, 1994. "The effect of vitamin E and beta-carotene on the incidence of lung cancer and other cancers in male smokers", *New England Journal of Medicine*, 330, p. 1029-1035.

Thomas, J. R. & French, K. E., 1985. "Gender differences across age in motor performance: a meta-analysis", *Psychological Bulletin*, 98, p. 260-282.

Thompson, M. E., Jones, J. H., Pusey, A. E., Brewer-Marsden, S., Goodall, J., Marsden, D., Matsuzawa, T., Nishida, T., Reynolds, V., Sugiyama, Y. & Wrangham, R. W., 2007. "Aging and fertility patterns in wild chimpanzees provide insight into the evolution of menopause", *Current Biology*, 17, p. 2150-2156.

Tice, K. E., 1995. *Kuna Crafts, Gender, and the Global Economy*, Austin, University of Austin Press, 232 p.

Tilly, A., 1986. *Mémoires du comte Alexander de Tilly, pour servir à l'histoire des moeurs de la fin du XVIIIe siècle*, Paris, Mercure de France, 703 p.

Tishkoff, S. A., Reed, F. A., Ranciaro, A., Voight, B. F., Babbitt, C. C., Silverman, J. S., Powell, K., Mortensen, H. M., Hirbo, J. B., Osman, M., Ibrahim, M., Omar, S. A., Lema, G., Nyambo, T. B., Ghori, J., Bumpstead, S., Pritchard, J. K., Wray, G. A. & Deloukas, P., 2007. "Convergent adaptation of human lactase persistence in Africa and Europe", *Nature Genetics*, 39, p. 31-40.

Todd, E., 1999. *La Diversité du monde*, Paris, Le Seuil, 443 p.

Trevathan, W. R., 1999. "Evolutionary obstetrics", in *Evolutionary Medicine* (Trevathan, W. R., Smith, E. O. & McKenne, J. J., dir.), Oxford, Oxford University Press, p. 183-207.

Trivers, R.L., 1972. "Parental investment and sexual selection", in *Sexual Selection and the Descent of Man* (Campbell, B., dir.), Chicago, Aldine, p. 56-110.

Trivers, R. L., 1974. "Parent-offspring conflict", *American Zoologist*, 14, p. 249-264.

Trock, B. J., Hilakivi-Clarke, L. & Clarke, R., 2006. "Meta-analysis of soy intake and breast cancer risk", *Journal of the National Cancer Institute*, 98, p. 459-471.

Trock, B. J., White, B. L., Clarke, R. & Hilakivi-Clarke, L., 2000. "Melaanalysis of say intake and breast cancer risk", *Jornal of Nutrition*, 130, p. 6539-6805.

Trumbach, R., 1989. "Sodomitical assaults, gender role and sexual development in eighteenth-century London", in *The Pursuit of Sodomy: male homosexuality in Renaissance and Enlightenment Europe* (Gerad, K., Hekma, G., dir.), Londres, Haworth Press, p. 407-429.

Trumbach, R., 1992. "Sex, gender and sexual identity in modern culture: male sodomy and female prostitution in Enlightment London", *Journal of the History of Sexuality*, 2, p. 186-203.

Tymicki, K., 2004. "Kin influence on female reproductive behavior: the evidence from reconstitution of the Bejsce parish registers, 18th to 20th centuries, Poland", *American Journal of Human Biology*, 16, p. 508-522.

Vallin, J., 1982. "La mortalité maternelle en France", *Population*, 36, p. 950-953.

Van Aarde, R. J., 1980. "Harem structure of the southern elephant seal *Mirounga leonina* at Kerguelen Island", *Revue d'écologie, Terre et Vie*, 34, p. 31-44.

Van Beijsterveldt, C. E. M., Hudziak, J. J. & Boomsma, D., I., 2006. "Genetic and environmental influences on cross-gender behavior and relation to behavior problems: a study of Dutch twins at ages 7 and 10 years", *Archives of Sexual Behavior*, 35, p. 647-658.

Van den Berghe, P. L., 1987. "Comments on "The Westermarck-Freud incest-theory debate" from D. H. Spain", *Current Anthropology*, 28, p. 638-639.

Van den Biggelaar, A. H., Rodrigues, L. C., Van Ree, R., Van der Zee, J. S., Hoeksma-Kruize, Y. C. M., Souverijn, J. H. M., Missinou, M. A., Borrmann, S., Kremsner, P. G. & Yazdanbakhsh, M., 2004. "Long-term treatment of intestinal helminthes increases mite skin-test reactivity in Gabonese schoolchildren", *Journal of Infectious Diseases*, 189, p. 892-900.

Van Gulik, R., 1971. *La Vie sexuelle dans la Chine ancienne*, Paris, Gallimard, 466 p.

Van Odijk, J., Kull, I., Borres, M. P., Brandtzaeg, P., Edberg, U., Hanson, L. Å., Hφst, A., Kuitunen, M., Olsen, S. F., Skerfving, S., Sundell, J. & Wille, S., 2003. "Breastfeeding and allergic disease: a multidisciplinary review of the literature (1966-2001) on the mode of early feeding in infancy and its impact on later atopic manifestations", *Allergy*, 58, p. 833-843.

Van Schaik, C. P. & Janson, C. H., 2000. *Infanticide by males and its implications*, Cambridge, Cambridge University Press, 569 p.

Vasey, P. L., Pocock, D. S. & VanderLaan, D. P., 2007. "Kin selection and male androphilia in Samoan fa'afafine", *Evolution and Human Behavior*, 28, p. 159-167.

Vawter, M. P., Evans, S., Choudary, P., Tomita, H., Meador-Woodruff, J., Molnar, M., Li, J., Lopez, J. F., Myers, R., Cox, D., Watson, S. J., Akil, H., Jones, E.G. & Bunney, W.E., 2004. "Gender-specific gene expression in post-mortem human brain: localization to sex chromosomes", *Neuropsychopharmacology*, 29, p. 373-384.

Veyne, P., 1982. "L'homosexualité à Rome", *L'Histoire,* 30, p. 76-78. Republicado em Veyne, P., 2005. *Sexe et Pouvoir à Rome,* Paris, Tallandier, p. 187-195.

Veyne, P., 1999. "L'Empire romain", in *Histoire de la vie privée,* 1. *De l'Empire romain à l'an mil* (Ariès, P. & Duby, G., dir.), Paris, Le Seuil, p. 17-213.

Vickers, A. J., 2000. "Clinical trials of homeopathy and placebo: analysis of a scientific debate", *Journal of Alternative and Complementary Medicine*, 6, p. 49-56.

Villeneuve-Gokalp, C., 2005. "Conséquences des ruptures familiales sur le départ des enfants", in *Histoires de familles, histoires familiales. Les résultats de l'enquête Famille de 1999.* (Lefèvre, C. & Filhon, A., dir.), Paris, INED, p. 235-249.

Volker, S. & Vasey, P. L. (dir.), 2006. *Homosexual Behavior in Animals. An evolutionary perspective.* Cambridge, Cambridge University Press, 382 p.

Vos, D. R., 1995. "Sexual imprinting in zebra-finch females: do females develop a preference for males that look like their father?", *Ethology*, 99, p. 252-262.

Waal, de, F. B.M. & Lanting, F., 1997. *Bonobo, The forgotten Ape*. Berkeley, University of California Press, 210 p.

Waal, de, F. B. M., 1989. *Chimpanzee politics. Power and sex among apes*. Londres, Johns Hopkins University Press, 227 p.

Walker, M. L., 1995. "Menopause in female rhesus monkeys", *American Journal of Primatology*, 35, p. 59-71.

Waters, D. D., Alderman, E. L., Hsia, J., Howard, B. V., Cobb, F. R., Rogers, W. J., Ouyang, P., Thompson, P., Tardif, J.C., Higgison, L., Bittner, V., Steffes, M., Gordon, D. J., Proschan, M., Younes, N. & Verter, J. I., 2002. "Effects of hormone replacement therapy and antioxidant vitamin supplements on coronary atherosclerosis in postmenopausal women. A randomized control trial", *The Journal of the American Medical Association*, 288, p. 2432-2440.

Wayne, B. J., Kaptchuk, T. J. & Linde, K., 2003. "A critical overview of homeopathy", *Complementary and Alternative Medecine series*, 138, p. 393-399.

Weinberg, E. D., 1984. "Iron withholding: a defense against infection and neoplasia", *Phisiological Reviews*, 64, p. 65-102.

Weisfeld, G., 1999. *Evolutionary principles of human adolescence*, Nova York, Basic Books, 401 p.

Whitam, F. L., Diamond, M. & Martin, J., 1993. "Homosexual orientation in twins: a report on 61 pairs and three triplet sets", *Archives of Sexual Behavior*, 22, p. 187-206.

Wilcox, A. J., Lie, R. T., Solvoll, K., Taylor, J. McConnaughey, D. R., Åbyholm, F., Vindenes, H. V., Stein, E. & Drevon, C. A., 2007. "Folic acid supplements and risk of facial clefts: national population based case-control study", *British Medical Journal*, 334, p. 464-470.

Williams, G. C. & Nesse, R. M. 1992. "The dawn of Darwinian medicine", *Quarterly Review of Biology*, 66, p. 1-22.

Williams, G. C., 1957. "Pleiotropy, natural selection and the evolution of senescence", *Evolution*, 11, p. 398-411.

Wirth, M., Horn, H., Koenig, T., Stein, M., Federspiel, A., Meier, B., Michel, C. M. & Strik, W., 2007. "Sex differences in semantic processing: Event-related brain potentials distinguish between lower and higher order semantic analysis, during word reading", *Cerebral Cortex*, 17, p. 1987-1997.

Wismer, Fries, A. B., Ziegler, T. E., Kurian, J. R., Jacoris, S. & Pollak, S., 2005. "Early experience in humans is associated with changes in neuropeptides critical for regulating social behavior", *Proceedings of the National Academy of Sciences, USA*, 102, p. 17237-17240.

Wrangham, R., Peterson, D., 1996. *Demonic Males. Apes and the origins of human violence.* Boston, Houghton Mifflin Company, 350 p.

Wright, J., 1998. "Paternity and paternal care", in *Sperm Competition and Sexual Selection* (Birkhead, T. R. & Møller, A. P., dir.), Nova York, Academic Press, p. 117-145.

Wylie-Rosett, J., Segal-Isaacson, C. J. & Segal-Isaacson, A., 2004. "Carbohydrates and increases in obesity: does the type of carbohydrate make a difference?", *Obesity Research*, 12, p. 124S-129S.

Xavier, R. J. & Podolsky, D. K., 2007. "Unravelling the pathogenesis of inflammatory bowel disease", *Nature*, 448, p. 427-434.

Yamagiwa, J., 2006. "Playful encounters: the development of homosexual behavior in male mountain gorillas", in *Homosexual Behavior in Animals. An evolutonary perspective* (Volker, S. & Vasey, P. L., dir.), Cambridge, Cambridge University Press, p. 273-293.

Yang, M. S. & Gill, M., 2007. "A review of gene linkage, association and expression studies in autism and an assessment of convergent evidence", *International Journal of Developmental Neuroscience*, 25, p. 69-85.

Yang, N., MacArthur, D. G., Gulbin, J. P., Hahn, A. G., Beggs, A. H., Easteal, S. & North, K., 2003. "*ACTN3* genotype is associated with human elite athletic performance" *American Journal of Human Genetics*, 73, p. 627-631.

Yang, X., Schadt, E. E., Wand, S., Wand, H., Arnold, A. P., Ingram-Drake, L., Drake, T. A. & Lusis, A. J., 2006. "Tissue-specific expression and regulation of sexually dimorphic genes in mice", *Genome Research*, 16, p. 995-1004.

Zhou, Q., O'Brien, B. & Relyea, J., 1999. "Severity of nausea and vomiting during pregnancy: what does it predict?", *Birth*, 26, p. 108-114.

Ziegler, E., 1967. "Secular changes in the stature of adults and the secular trend of modern sugar consumption", *Zeitschrift fürKinderheilkunde*, 1999, p. 146-166.

Zvoch, K., 1999. "Family type and investment in education: a comparison of genetic and stepparent families", *Evolution and Human Behavior*, 20, p. 453-464.

IMPRESSÃO E ACABAMENTO:
YANGRAF Fone/Fax: 2095-7722
e-mail:santana@yangraf.com.br